SOURDOUGH

加入INSTAGRAM帳號@ILLEBROD，體驗天然酸種酵母帶來的革命

卡斯柏‧安德烈‧蘿格 & 馬丁‧伊瓦爾‧范‧菲爾茲
他們是兩位來自挪威腓特烈斯塔的年輕家庭麵包烘焙師傅。
在過去的五年裡，他們對烘焙酸種麵包產生了極大的興趣，
透過他們親自創建的Instagram帳號@illebrod，越來越多的追隨者分享了他們的熱情。
他們致力於使用歷史悠久的技術以及古老品種的穀物和麵粉。
卡斯柏也是一名全職作家，
而馬丁則在挪威奧斯陸經營一間小型的酸種麵包店。

挪威烘焙師解密酸種麵包

CASPER ANDRÉ LUGG & MARTIN IVAR HVEEM FJELD

卡斯柏·安德烈·羅格　　　　　馬丁·伊瓦爾·范·菲爾茲

瑞昇文化

頁次

10-19

凡妮莎‧金貝爾的前言 11
烘焙師的筆記 12

20-37

38-79

章節

麵粉、水 & 鹽

天然酸種起種

基本麵包食譜

簡介 18

製作酸種起種 24
餵養酸種起種 30
製作魯邦酵種 34

烘烤器材 42
基本麵包食譜 44
材料清單 46
分解步驟 48

80-85　　　86-153　　　154-159

疑難排解　　　製作配方　　　額外資源

什麼地方出了錯？ 82

50%斯佩爾特小麥 88
輕裸麥 94
二粒小麥 98
胚芽裸麥 102
法國鄉村麵包 108
麩皮麵包 112
高拉山小麥 118
錫模土司 122
單粒小麥 128
100%斯佩爾特小麥 134
全裸大麥 140
烘焙燕麥 144
友誼麵包 150

材料供應商 156
器材供應商 158
學校與社團 159

令人驚艷的風味

凡妮莎・金貝爾的前言

麵包的歷史非常久遠，甚至在人類還沒開始使用金屬的古老時代之前就已經存在了。考古學上的證據可以追溯到西元前10,000年，而自己動手烘焙麵包更是具有難以想像的魔力。酸種是野生酵母與乳酸菌所形成的共生群體，可以為你的麵包進行發酵。它其實就是最古老的烘焙手法，在過去的120年裡，麵包轉變成一種利用麵團快速生產的大量商品，這也意味著我們似乎迷失了正確的方向，因為生產的方式已經變得過於工業化。幸好一場重新找回優質麵包的運動正在興起；這不僅僅是讓烘焙再次獲得榮光的機會，也是時尚烹飪的一個重要時刻，酸種從來不曾讓人感到如此重要，也不曾如此讓人興奮。

長時間的緩慢發酵才能創造出具有驚人風味和口感的麵包，而且用這種方法作出來的麵包才真正能為你的健康帶來非凡的好處。許多臨床研究都顯示，使用酸種麵團長時間緩慢發酵的麵包，可以顯著地降低麵包的GI值，這麼一來你的身體就會需要比較長的時間吸收，從而協助身體調節血糖保持正常。另外，還有越來越多的證據表明，長時間發酵有助於將小麥分解成更容易消化的食物，因此許多關於酸種麵包更容易被人體消化的軼事報導，正不斷地獲得科學上的證實。

當人們開始嘗試烘烤酸種麵包時，他們最擔心的其中一個問題，就是所有的步驟看起來似乎非常耗時又複雜。可是實際上恰恰相反，烘焙的過程只是麵粉、鹽、水與活的培養物之間的相互作用，把麵團放著發酵完成之後，再經過拉伸和折疊、進行塑型，然後進爐開始烘烤。就算我真的一步一步慢慢來，烤一條麵包動手操作的總時間可能也只需要15到20分鐘，只是會分佈在超過36個小時的時間裡。這只是如何讓自己對整個流程夠熟悉的問題，但絕對值得你花時間去學習掌握。使用乳酸進行發酵也意味著它的保存時間會比一般商業化快速製作的麵包更久，因為酸性物質可以延緩麵包變質的過程，用一個簡單粗略的估算方式，一條麵包的保存時間差不多就是你放著讓麵團進行發酵的時間。

我特別喜歡這本書裡許多對健康有益的建議，它不但教導你如何自己製作酸種麵包，還更進一步地鼓勵你走出廚房去探尋所在地區的磨坊主人。酸種麵包絕對不僅僅是麵包的其中一個種類而已，它也是讓人們與製作流程緊緊相連的一種媒介。雖然酸種只是在容器裡共生共存的微生物集合體，但它彷彿將其共生關係的原則擴展到我們周圍的世界之外，你會發現突然之間，酸種麵包似乎已經成為你我生活的一部分。

凡妮莎・金貝爾在英格蘭北安普敦郡的酸種麵包學校任教，是BBC Radio 4美食節目的固定來賓之一。

烘 焙 師 的 筆 記

自己動手烘焙美味的自製麵包絕對是輕而易舉的事情——只是需要足夠的耐心和充分的練習。不過，以下幾個建議可以幫助你更快入手。

自溶水解：自溶水解（也被稱為「自溶」或「後鹽法」）在製作酸種麵包時是很重要的步驟，而且可以幫助你的麵包獲得非同凡響的口感。這個詞在希臘語中是「自我消化」的意思，但是如果運用在烘焙發酵麵團的情況下，它可以翻譯為讓麵團自己努力地自我分解與融合。

藉由仔細地把原料混合在一起，並將麵團靜置一小時之後，一種堅固的麵筋結構就會形成，就像在正常揉麵過程中所產生的麵筋結構一樣。除此之外，自溶水解還有助於形成有彈性又手感適中的麵團，並且會形成夠大的氣孔而保留住發酵過程中產生的芳香氣體。鹽僅需要在自溶水解之後再進行添加，以確保麵團具有更棒的彈性和強度。請參閱基本麵包配方（第50頁）以了解如何使用該方法。

烘焙百分比：在每張成分列表中，你會在括號中找到烘焙百分比的數字。我們發現無論你烘焙了多少個麵包，烘焙百分比對於計算某一種成分相對於麵粉總量的比例非常有用。在我們的食譜中，麵粉的重量固定維持在500克，如果水量為400g，烘焙百分比就是80%，100g酵母則是20%，以此類推。因此，就算你將食譜的建議重量翻倍，甚至增加成三倍，但是烘焙百分比的數字依然保持不變。

麵粉：在整本書中，我們指的都是高筋白麵粉，也就是你能買得起、最優質、有機、未漂白的小麥粉（參見第156-157頁的材料供應商清單）。我們在挪威習慣使用當地種植的小麥，並且用石磨磨出的麵粉，通常筋度會比一般的高筋麵粉低一些。這種麵粉可以做出更柔軟、更香甜的麵包。因此，如果你有機會找到中等筋度的石磨白麵粉（每一百公克大約含有11公克的蛋白質），你可能會希望嘗試一下。

攪拌：我們強烈建議你用手攪拌，因為使用機器的話可能會變成過度攪拌，而且你就無法獲得經驗，曉得麵團何時具有正確的手感與結構。

水：你在麵團中添加的水應該總是採用相對的數量，因為不同的麵粉具有不同的吸收能力。一袋在商店貨架上放了幾個月的麵粉，一定會比新鮮剛磨好的麵粉更乾，因此當你將它與水混合時會「更易吸水」。

如果你發現麵團變乾了，你可以在加入鹽的時候順便加入更多的水，但是要慢慢來，每次加入的水量不要超過25克。這時候水的溫度必須要和你第一次加入麵團時差不多，甚至是稍微熱一點。如果你的麵團感覺太濕而且難以處理時，請參閱第81頁的疑難排解建議。

1

麵粉、水&鹽

麵粉、水 & 鹽

酸種麵包是一種古老且原始的烘烤麵包，本書中所描述的方法與食譜，建立在超過5000年的實作經驗之上。基本的要素始終未曾改變：將麵粉和水進行混合，然後讓麵團自行發酵並膨脹變大。

任何人都有能力烤出好吃的酸種麵包，你只需要願意付出足夠的時間和注意力，並且儘可能地使用能夠獲取的最好原料。許多關心土壤和穀物加工的敬業有機農民和磨坊主人，他們所生產的材料是我們優先選擇的來源，因為我們總是能得到比我們期望中更好的原料。

麵粉、水和鹽——這就是所有你需要先準備的材料。我們採用的製作方法不需要太多耗體力的動作，因為最重要的步驟就是讓自然發酵的過程以自己的節奏發生。這是一種具有彈性的烘焙方式，可以符合大多數人的時間安排。不過，時間的拿捏依然至關重要。事實上，時間幾乎可以被視為第四樣原料。就是時間讓穀物的味道逐漸成熟，從而賦予麵包獨一無二的品質。

市面上有許多不同的穀物可供選擇，有些甚至擁有數千年的歷史。在我們所居住的斯堪地那維亞半島，它們大多被現代農產品的出現所淹沒。但是多虧了一些熱心的愛好者，這些古老品種的穀物——例如單粒小麥、二粒小麥、斯佩爾特小麥、全裸大麥以及裸麥——正在由這些農民們重新開始復育種植中。

這些有機穀物的根部可以深入到地底下，並從土壤中吸取植物所需要的全部養分，並不需要額外的澆水或人工施肥，可是最後卻可以生長出具有獨特風味和營養的農作物。這本書中的所有麵包都是採用有機穀物和石磨麵粉烘焙而成，它們是由離我們住的地方不遠的小型獨立農場和磨坊所生產的產品。當麵粉是在石頭上而非工業用大型滾磨機上研磨時，穀物比較不容易遭受過高溫度的破壞，這有助於保持其營養和風味。這種溫和的處理方法可以保留穀物胚芽中的油脂，將穀物中的大量香氣傳遞給麵包。

用酸種麵團烘焙，起初可能看起來會覺得很複雜。但是，只要你親自把麵團放在手上幾次，你會發現學習曲線非常陡峭而且很容易獲得回報。世界上只有一種方法可以讓你成為一名優秀的酸種麵包烘焙師傅，那就是盡可能地多次練習烘烤。

獲得優質酸種麵包的方法有很多，但是在我們看來，我們在本書中所介紹的方法一定能夠做出最好的麵包。這是一種非常適合用小規模生產的石磨麵粉烘焙的方法，這種麵粉的烘焙特性通常比商業製作的麵粉弱。當這些麵包製作完成的時候，麵包的內部會生成大型的孔洞和濕潤的麵包口感，吃起來富有焦糖香氣和酥脆的外皮，並具有獨特的穀物風味。趕快來試試看吧，祝你好運！

2

天然酸種
起種

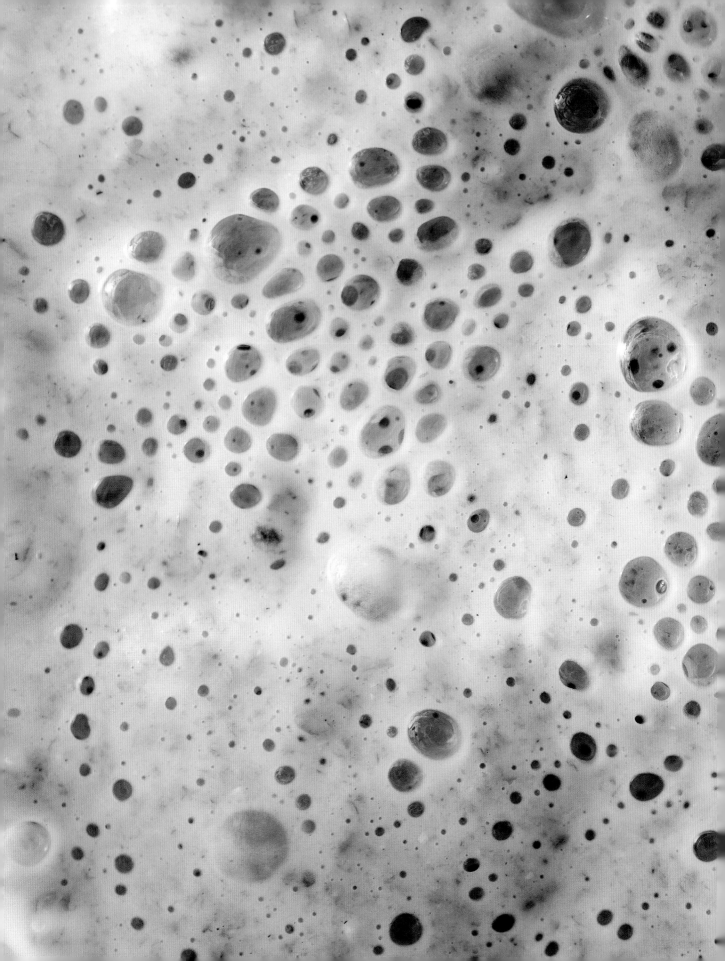

製作酸種起種

烘　烤酸種麵包首先需要先準備好「天然酸種起種」。這是用麵粉跟水混合之後，在室溫下放置足夠長的時間，使其開始發酵，成為酵母孢子和乳酸菌的濃稠培養物。酵母跟細菌本來就自然存在於穀殼的部位或是散佈在空氣中、甚至是我們的手上——簡而言之，幾乎無所不在。在麵粉的混合物中，它們一與水接觸就會開始進食並快速繁殖。正是這樣的過程讓麵團發酵。接下來酵母孢子就會開始產生氣體（二氧化碳），進而使麵團膨脹，而乳酸菌則會產生酸性物質，這反過來有助於加強麵團的麵筋結構，它也會為你新鮮出爐的麵包帶來濃郁的香氣。

如果你細心地照顧天然酸種起種（以下我們將簡稱為「起種」），它可以存活一段很長的時間。當我們從頭開始製作起種時，我們只需要將新鮮麵粉和水充分混合，然後把混合物放在溫暖的地方。過一段時間之後，混合物將開始自行發酵。起初，發酵過程進行得很緩慢。但是當你按照以下幾頁所列出的步驟進行操作之後，微生物會開始繁殖，最終在你新培養出來的起種裡，酵母孢子和乳酸菌之間會逐漸地形成自然平衡。只需要短短一周的時間，你的培養器皿裡就會充滿著生機，這個時候你就已經準備好，可以開始你的第一次烘焙課程了。

你 將 會 需 要

石磨製造的有機細全穀裸麥粉，有機高筋白麵粉。

兩個帶蓋的1公升玻璃罐。

27-30℃的水（將冷水與滾水混合）。

數位式廚房料理專用秤。

第 1 天 · 早上

先準備好一個玻璃罐，將50克細全穀裸麥粉與80克的30℃水混合。剛開始時混合物應該會呈現非常潮濕的狀態。接著將蓋子輕輕地蓋上，保留一些空隙不要完全密封，然後在溫暖的地方放置24小時，溫度最好可以保持在25℃左右，一直到第二天早上。

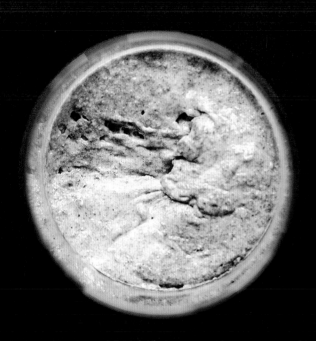

第 2 天 ， 早 上

你有沒有注意到混合物會發出一種特殊的氣味？這
樣的溫和酸味就是開始發酵的最佳證明。稍微攪拌
一下混合物，可能還會看到裡頭出現不少的孔洞並
且膨脹得較大一些。如果外觀產生這樣的變化，那
麼發酵的過程已經開始。如果混合物的味道聞起來
有點臭酸味，就像潮濕的稻草一樣，那麼就讓它再
靜置一天。

加入並混合50克細全穀裸麥粉與80克的30℃水，
讓我們再等24小時。

第 3 天 ， 早 上

你會發現混合物的體積已經變得滿大了（可能是原
來體積的兩倍），並且在表面和側邊可以看到形成
了少許的氣泡。聞起來的氣味讓人想起小麥啤酒、
餅乾或薄脆餅乾，但是帶有一絲絲的酸味。

加入並混合50克細全穀裸麥粉與80克的30℃水，
讓我們再等24小時。

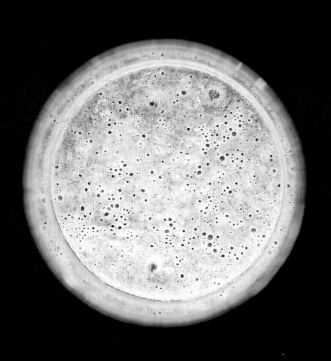

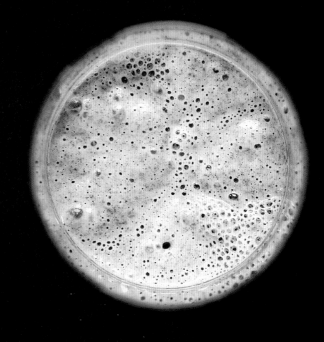

第 4 天 ，早 上

現在，當你仔細觀察玻璃罐並且聞一下它發出的氣味時，你應該不會懷疑這團發酵的混合物中有許多生命正在醞釀著。裡頭現在含有非常多的活性微生物，你可以使用一小部分來發酵大量的麵粉和水。

在第二個玻璃罐裡加入50克的酸種酵母培養物。
用50克細全穀裸麥粉與80克的30℃水餵養，
讓我們再等24小時。

第 5 天 ，早 上

你現在應該可以清楚地看到，玻璃罐內的混合物形成了許多氣泡，而且混合物的體積變大了許多。從現在開始要定期地餵食你所養的起種。

把30克的起種放入乾淨的新玻璃罐中。
用50克細全穀裸麥粉、50克的高筋白麵粉
與130克的30℃水餵養，讓我們再等12小時。
現在你已經可以用這個混合物烘烤麵包了，
但是為了安全起見，我們建議你在第一次
製作魯邦酵種之前再餵食兩次
（參見製作魯邦酵種，第34頁），
如果你並不打算立刻開始烘烤麵包，
那就先把這個混合物放進冰箱裡。

餵養酸種起種

酸種起種中的微生物，是以澱粉酶分解麵粉後所釋放出的糖為食物。當這種「食物」被消耗殆盡之後，你就需要為酵母和細菌補充新的食物，通常是麵粉和水的混合物。為了讓起種保持良好的狀態，你應該至少要每周餵食一次。

如果你把起種放在冰箱裡，每週只要餵食一到兩次就夠了，但是一定要在烘烤麵包前再額外餵食兩次。第一次餵食應該在開始烘烤前大約24小時，第二次則可以選擇在烘烤前12小時左右。如果你打算每週烘烤麵包兩次以上，直接將起種保存在室溫下是個比較好的作法。並且我們建議你每天餵養兩次，早晚各一次。否則你會冒著起種變得太酸的風險，從而造成酵母和細菌之間的平衡被破壞，這將對麵包的味道和膨脹的程度產生負面影響。

餵食起種：

1. 選擇晚上的時間從冰箱裡取出起種。

2. 將50克的起種倒進乾淨的新玻璃杯中。加入130克30℃的水跟100克的混合麵粉（50克細全穀裸麥粉和50克的高筋白麵粉），然後把玻璃杯裡的混合物攪拌均勻。這時候你會發現混合物的濃稠度應該跟鬆餅麵糊差不多。如果看起來太濃或太稀，那麼之後就需要調整水的使用量。

3. 將起種放在溫暖的地方，記得鬆鬆地放上蓋子以便讓空氣可以進入，並且等到第二天早上。這時候起種應該已經膨脹變大頂到蓋子了，體積大約是原本的三倍左右，這個過程通常需要6到8個小時，在你把起種放回冰箱之前，記得要再餵食一次，或是直接使用它製作魯邦酵種。如果你不確定它是否還會繼續增大，你可以稍微等一下直到看見起種的中間開始略微下凹。

如果你並不打算當天就烘烤麵包，請將起種放回冰箱冷藏。如果你打算當天晚一點才開始烘烤麵包，請再次餵食起種，並將其放在工作台上直到下午。

製作魯邦酵種

每次烘焙麵包都必須先從製作魯邦酵種開始，魯邦酵種會在幾個小時內成熟。這是起種跟新鮮麵粉和水的混合物。就是這個混合物讓麵團發酵並且膨脹。當酵母菌從麵粉中攝取糖分時，就會出現這樣的現象：這些糖分會被澱粉酶分解，當酵母菌開始攝取糖分時，這個過程就會產生二氧化碳，使麵包麵團變得膨脹並且充滿氣孔。空氣會被困在由麵團麵筋結構形成的空間中。

在使用於麵包麵團之前，讓魯邦酵種適當地進行發酵是很重要的一個步驟。它需要先膨脹變大並產生一些氣孔，而且表面應該還會形成少許的氣泡。你也可以透過氣味來判斷：聞起來應該有一種溫和的酸味，並且帶有水果的香氣跟成熟的甜味。為了安全起見，在你前面幾次開始練習烘烤麵包時，我們建議你可以使用漂浮測試。將一茶匙魯邦酵種放入一杯水中——如果它可以浮在水面上，那就表示酵母菌已經開始產生二氧化碳，並且準備發酵麵團使其變得更大。如果它不會漂浮，就再讓它熟成一到兩個小時。如果沒有適當的魯邦酵種，麵團就不會以我們期望的速度發酵，也無法產生足夠的麵筋強度——這就是魯邦酵種中的酸度發揮關鍵作用之處。

另外需要特別注意的是，不要讓魯邦酵種放置在室溫超過建議的時間太久，因為這樣做會影響最後麵包出爐的味道。如果你長時間讓魯邦酵種處於室溫下，它會產生一種強烈的酸味並且在麵團中擴散，最後會壓過穀物原本的溫和味道。

魯邦酵種在可以用來烘焙之前所需要的熟成時間，取決於你在混合物中使用了多少份量的起種，後者可以根據你擁有多少時間準備而有所不同。

在烘烤你的第一個酸種麵包之前，預先做一些規劃是比較明智的作法。首先，確保在開始烘烤之前留出足夠的時間，以便餵食起種並製作魯邦酵種。如果你希望明天晚上開始烘烤，你就必須今天晚上跟明天早上餵食起種，明天下午再製作魯邦酵種。如果你希望明天早上晚一點烘烤麵包，那麼就應該今天早上跟今天晚些時候餵食起種，明天一大早就製作魯邦酵種。如果你想一醒來就開始烘焙，可以在前一天晚上製作魯邦酵種，但是要放入稍微少一點的起種，並且讓它靜置一夜。

這是我們通常使用的兩個版本（製作一條麵包所需要的魯邦酵種）：

20克成熟起種／40克麵粉混合物（20克細全穀裸麥粉和20克高筋白麵粉）／40克的30℃水，在室溫下靜置4-8小時。

40克成熟起種／30克麵粉混合物（15克細全穀裸麥粉和15克高筋白麵粉）／30克的30℃水，在室溫下靜置2-4小時。

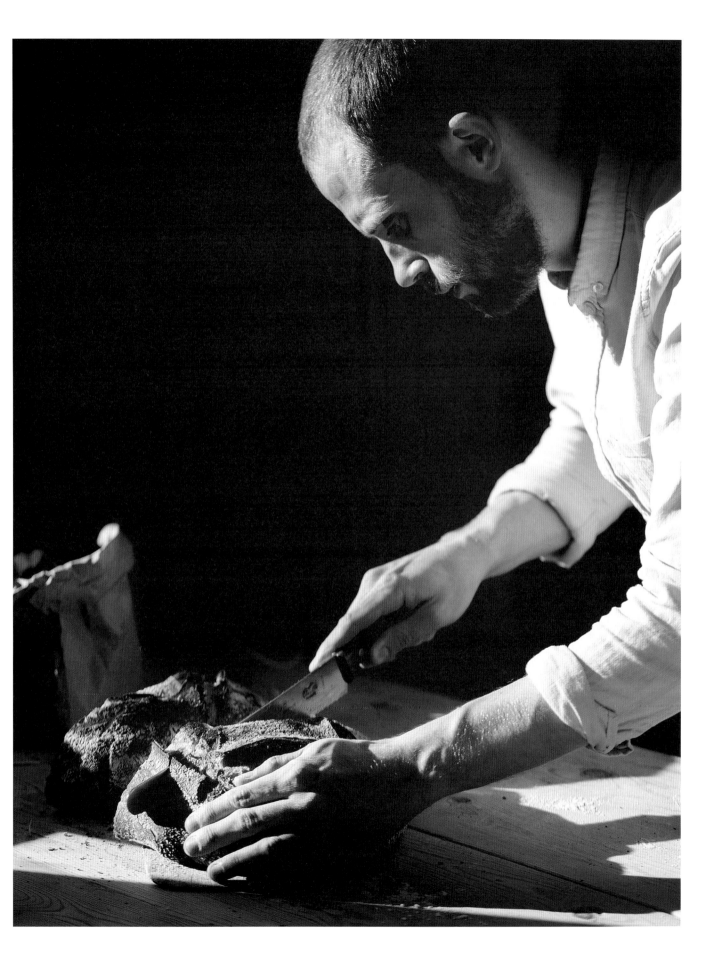

3

基本
麵包食譜

烘烤器材

麵團刮刀

鑄鐵鍋或
耐火磚

酸種起種

刮鬍刀或切割刀

計時器

數位式廚房料理專用秤

一個裝著溫水的碗

少量麵粉，作為手粉之用

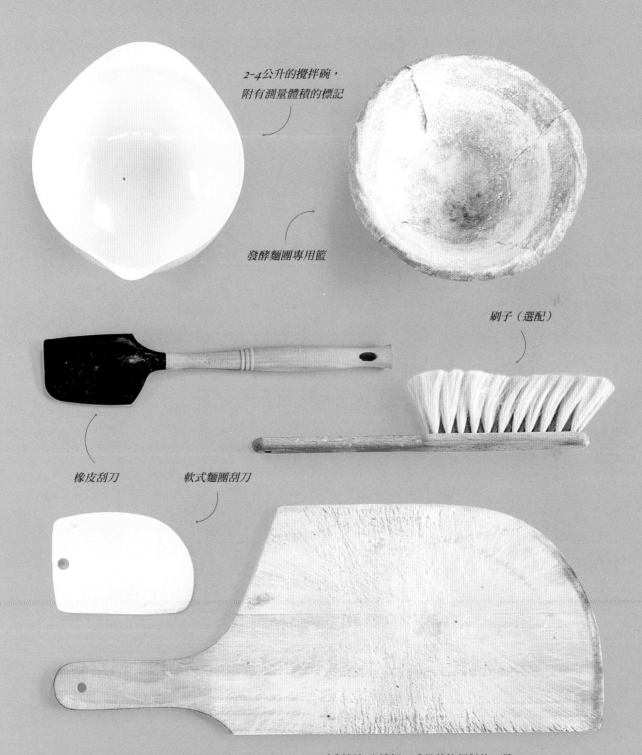

2-4公升的攪拌碗，
附有測量體積的標記

發酵麵團專用籃

刷子（選配）

橡皮刮刀

軟式麵團刮刀

木製麵包入爐板，或是其他類似的工具

基本麵包食譜

這份食譜就是我們烘焙麵包的最基本作法，也為本書中的每一份食譜提供了基礎。每份食譜之間的差別就只在於材料清單——特別是用來製作麵團的全麥麵粉，包括重量與種類、水的添加份量，以及是否添加了其他的成份。基本麵包食譜是一個很好的起點，因為用這份食譜製作出來的麵團，在你剛開始練習烘烤的前幾次比較容易成功。使用30%的斯佩爾特小麥烘焙，讓麵包帶著獨特的穀物風味，而相對較高比例的高筋白麵粉，則有助於讓烘焙出來的麵包比較膨漲與鬆軟。

在3個半小時內，麵團就應該在攪拌碗中膨脹至少三分之一的體積。這是假設房間內的氣溫跟你所使用的水都在某個溫度以上。如果房間裡的氣溫很低，那麼麵團膨脹的速度就會變慢。如果氣溫夠高，膨脹的速度就會比較快。但是不管哪一種情況，都不一定會導致麵包烘焙的失敗，只是你可能會感到有些不方便。最理想的室溫是24到26℃之間。如果你可以想辦法讓一個封閉的小房間保持溫暖，或是讓廚房的溫度提高，結果就會完全一致。

很快地你就會注意到，在製作麵包過程中，麵團的黏稠度發生了很大變化。第一次進行材料的混合時它的黏性十足，感覺很快就黏得滿手都是，似乎永遠不會聚成一團。但是隨著時間過去，最後終究會聚集在一起，麵筋的強度會增加，麵團會感覺更光滑，而且會更容易變成一球麵團，它不再那麼容易地黏在碗底或是你的手上。你還會注意到麵團從軟趴趴的沉重模樣，變為較為輕盈且充滿空氣，表面也開始出現大氣泡。

食譜中所要求使用的水量應該被當作只是一項建議。我們傾向在使用的麵粉重量允許的情況下，盡可能地加入足夠的水分（麵團中的水量）以進行烘烤，因為這會使麵包吃起來更為濕潤。只是處理太濕的麵團難度相當地高。因此，我們建議你從配方裡要求使用的最低水量開始，然後隨著你越來越習慣與熟悉製作麵團的手法，再逐步地增加水的使用量。

如果你打算一次同時烘烤多個麵包，只需要將材料的數量乘以所需的麵包數量，然後在第5個步驟「第一次成型」之前，用麵團刮刀將麵團分開即可。

最後，別忘了要全神貫注，善用你所有的感官進行麵包烘烤！與許多其他事情一樣，烘焙酸種麵包可以是一門科學，但最終必須以實作證明成果。

材料清單

製作魯邦酵種

40克成熟起種

30克30℃的水

15克高筋白麵粉

15克細全穀斯佩爾特小麥麵粉

製作麵包麵團

括號中的數字代表佔麵粉總重量的百分比

150克細全穀斯佩爾特小麥麵粉（30%）

350克高筋白麵粉（70%）

375-425克30℃的水（75-85%）

10克精細研磨的粗製海鹽（2%）

100克魯邦酵種（20%）

分 解 步 驟

1

製 作 魯 邦 酵 種

你在前一天餵了起種兩次,它很快就成熟了,充滿著活力。現在你已經準備好開始製作魯邦酵種。當你混合製作魯邦酵種的各式材料時,所需要做的事情跟使用麵粉和水餵起種時做的一樣,只是重量略有不同而已——而且所有的動作都改成在攪拌碗裡進行。

選 項 1	選 項 2
讓魯邦酵種熟成	*讓魯邦酵種熟成*
2-4小時:	*4-8小時:*

量出40克的成熟起種、30克的水、15克的高筋白麵粉和15克細全穀斯佩爾特小麥麵粉,放進在攪拌碗中攪拌均勻,讓魯邦酵種熟成2-4小時。

量出20克的成熟起種、40克的水、20克的高筋白麵粉和20克細全穀斯佩爾特小麥麵粉。放進在攪拌碗中攪拌均勻,讓魯邦酵種熟成4-8小時。(在本書的其他食譜裡,我們只會使用選項1)。

將起種放回冰箱。

2

混 合 麵 粉 、 水 和 魯 邦 酵 種
（ 自 溶 水 解 ， 參 見 第 1 2 頁 ）

加到麵團的水應該保持在28-30℃之間。將375-425克的水倒入裝有魯邦酵種的攪拌碗中。用手指將水中的混合物弄散。接著再加入麵粉，開始用你的雙手攪拌，確保所有的材料都能夠充分混合。用橡皮刮刀或軟式麵團刮刀從邊緣刮下多餘的部分以便收集成一個麵團。鬆鬆地蓋上碗，讓它靜置一個小時。

3

加 鹽 後 揉 捏 麵 團

準備好食譜中建議份量的鹽，並且均勻地撒在麵團上。接著用你的拇指跟食指捏麵團，在碗裡擠出一個一個的小「球」。按照這樣的方式多做幾次，直到你覺得麵團開始變得緊實，而且變得越來越難捏出球狀的小麵團。我們要求你這樣做是為了打破麵團的麵筋結構，並且使其能夠逐漸地自我重組、繁殖，並形成更牢固的新結構。不斷地從攪拌碗的邊緣刮下多餘的麵團，並且重新放回大麵團中。完成後讓麵團休息30分鐘。

自溶水解（參見第12頁）

加入適合份量的鹽

拉 伸 與 折 疊

　　首先，把你的手放在一碗溫水中浸泡一下，然後用手指慢慢推進麵團跟碗側之間，等到你可以抓住麵團的底部時，抓起麵團然後稍微拉伸一下，接著將其折疊向碗的另一側。不斷重複這個拉伸與折疊的過程，並且小幅度地把碗旋轉5到8次，直到你覺得麵團已經發展出良好的結構了。這個階段的目標是拉伸麵團的麵筋結構，而不是破壞它（就像你在步驟3「揉捏麵團」過程所做的動作）。蓋上蓋子並且再靜置30分鐘。

　　每隔30分鐘就重複兩次拉伸與折疊的動作。最後一次折疊之後，讓麵團靜置一旁，直到體積增加至大約三分之一。而這個過程可能會需要30-90分鐘，不過通常大約一個小時就夠了。

　　如果你使用帶有測量體積標記的攪拌碗，這樣就可以更精確地瞭解麵團的膨脹程度。根據我們在食譜中所建議的麵粉重量，當麵團達到接近1公升的標記時，麵團的體積就大約增加了三分之一左右。

5

第 一 次 成 型

把工作檯面先均勻地灑滿麵粉，然後將麵團刮下來放在檯面上。記得在手邊先準備好一碗麵粉，這麼一來如果發現麵團還是太黏，你可以先在手上蘸一些麵粉。接著使用麵團刮刀將麵團從不同方向的側面往中間折疊幾次，然後再把麵團翻過來，使得有折疊過的那一面朝下放在檯面上。使用麵團刮刀從不同的角度推動麵團，讓麵團被壓後變得更緊實一點，做這個動作時麵團應該會稍微黏在檯面上，不過很快地麵團就會變得有彈性並且產生厚邊，如果麵團刮刀黏在麵團上，你可以先在上頭多灑一些麵粉再繼續。

6

靜 置 發 酵

在麵團上撒上一點麵粉，並且讓它靜置15-25分鐘，或者等到麵團的邊緣開始變得有點扁平。這樣做的目的是希望讓麵團的麵筋結構放鬆，下一次進行成型的時候，就會變得比較容易。

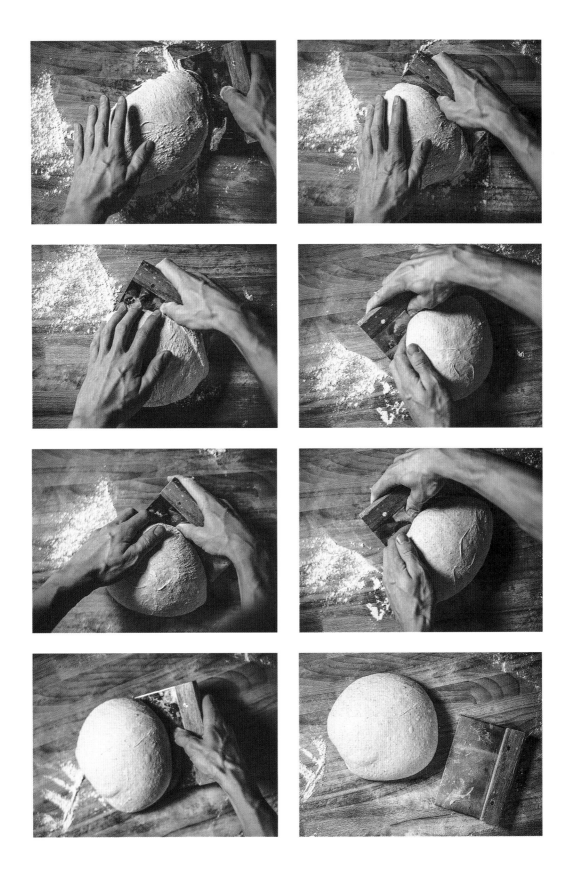

7

最 終 成 型

先為你的發酵籃均勻地撒上麵粉;為了安全起見,在前幾次剛開始練習烘焙時,記得放入比你認為需要的份量再多一些,不然萬一麵團黏在發酵籃上,會讓人感到非常沮喪!多練習幾次以後,你就能準確拿捏需要放入多少麵粉——理想情況下,完成烘焙的麵包應該在白色麵粉和深金色的麵包外皮之間形成很漂亮的對比。我們使用1:1的高筋白麵粉跟米粉混合物作為放在發酵籃中的麵粉。相對來說,米粉的顆粒比較硬,與濕麵團接觸時不會膨脹,這麼一來就能確保麵團可以很容易地從籃子中被拿出來。如果你沒有米粉,我們會建議你使用磨細的全穀裸麥粉。

在麵團跟旁邊的工作檯面上,均勻地撒上麵粉(就像前面所提的建議,一開始練習時,麵粉用得太多比用得少更好)。接著使用刮刀將麵團從工作檯面拿起來,並將麵團翻轉過來,讓撒了麵粉的那一面朝下,放在撒了麵粉的工作檯面上。然後捏住麵團的上方,並且拉長後將其向中心折疊。接著抓住麵團的左側並將其向中心折疊,然後在右側做相同的動作,最後是下面。現在你面前應該有一個正方形的麵團。用手抓住其中一個角,將其稍微拉伸後向中心折疊。當所有的四個角都折疊起來時,抓住麵團上方並將其翻轉過來,讓有接縫的那一面朝下靠在檯面上,而光滑的那一面則朝上。如果麵團捏起來的感覺仍然相當鬆軟,請再一次使用麵團刮刀將其稍微收緊,就像你在第一次成型時所做的那樣,然後將其拿起放到發酵籃中,讓有折疊的那一面朝上。

請參照以下頁面中各步驟的照片,可以幫助你瞭解如何進行最終成型的過程。

麵 包 發 酵 籃

根據麵團在攪拌碗中的膨脹程度，麵團在發酵籃中停留的時間也會有所差異。如果麵團的體積已經膨脹超過三分之一以上，你可能想讓麵團在籃子裡只放一個小時，但是通常放置一個半小時到兩個小時也沒有問題。這就是你需要不斷練習以便獲得經驗的部分。不過即使你只是讓麵團在發酵籃中稍微膨脹多一些，可能就會看到烤箱裡的麵包變扁平而非漂亮的圓弧形，而且表面還會出現一個一個的「凹洞」。如果發生這種情況，下次你可以減少麵團放置在籃子中的發酵時間。但是你可以大膽地多加練習！完美發酵的麵團不但體積夠大，而且還能確保烘焙出來的麵包本體擁有充足與佈滿空隙的孔洞。在發酵籃中進行發酵之後，你可以把麵團放進冰箱裡，再次進行冷藏發酵（請參見下一個步驟）。

　　如果你完全沒有時間讓麵團在發酵籃中進行發酵，你也可以先進行冷藏發酵的步驟，並且在預熱烤箱時再次回來進行發酵。只是這麼一來你就需要烘烤溫度與室溫相同的麵團，這種麵團所製作的麵包特性略有不同——麵包皮的焦糖化程度可能略低於預期，但是麵包的結構會產生更多的空隙。不過你還是需要自己進行實驗才能徹底瞭解該如何調整。如果你是使用鑄鐵鍋或砂鍋進行烘烤，那麼就應該盡量避免把處於室溫的麵團放入鍋中烘烤，因為想要把處於室溫的麵團完好無損地放入鍋中具有相當高的難度。

冷 藏 發 酵

接下來把麵團放進冰箱裡。除非麵團摸起來已經很乾了，否則你可以不需要特別將麵團密封。如果你打算要在晚上進行烘烤，那最好前一天的晚上就先進行冷藏發酵；如果你想在一大早或是早上稍晚進行烘烤，那就得在前一天下午或傍晚就進行冷藏發酵。當你還在睡覺或是忙於處理其他事情時，麵團就可以繼續發展出更豐富的風味，可是又不會膨脹得太大。這一步驟也被稱為「延遲發酵」，因為較低的溫度會減慢麵團發酵的速度。如果跟麵團在室溫下繼續發酵的效果相比，冷藏發酵會讓麵包在過程中產生許多額外的味道，而且麵包皮的焦糖化程度也能變得更完美。此外，這個過程還會增添許多對身體有益的營養成分。只要你的冰箱能夠有效地減緩發酵的過程，你最多可以讓麵團在裡頭放置長達36小時，但是最佳的時間是12-24小時。可以採用最能配合你工作時間的方式。

烘 烤

麵包烘烤過程中最重要的兩個元素，就是不斷釋放出熱的強力熱源，以及充足的水分（蒸氣），兩者都可以從傳統烤箱獲得。你可以在爐子裡使用附有能蓋密的蓋子，並且事先預熱的鑄鐵鍋，或是直接在炙熱的耐火磚上烘烤。不過後者需要花費更多的功夫，但是在我們看來，它也能製作出更棒的麵包外皮，以及更傳統口味的麵包，因為這種作法讓麵包擁有更寬廣的空間使其自由擴展。

我們可以將麵包進烤箱烘烤的過程分為兩個階段。在第一階段裡，麵團應該在潮濕的環境中快速膨脹。蒸氣中的水分可以確保麵團不會變硬或是黏成一團，同時也讓麵團上方的刻痕爆裂開來，讓麵團能夠盡可能地膨脹變大。在烘烤的最後階段，麵包皮會開始形成──這時如果能讓大部分的蒸氣從烤箱中排出，就能製作出非常棒的成品，因為如此一來麵包皮就會變得極為酥脆並且焦糖化。

如果你使用帶有蓋子的鑄鐵鍋或是砂鍋進行烘烤，麵團自己就能塑造出一個屬於自己的潮濕環境，因為從麵團中蒸發出來的水會被困在鍋裡。但是如果你是在耐火磚上頭進行烘烤，蒸氣就必須以熱開水的形式被加入，並且事先倒入烤箱最低層的碗中。不過大多數現代爐灶的設計，都是讓水分在烹飪的過程中被移除，而這與我們在開始烘烤前幾分鐘期望的效果剛好相反。另一個讓烤箱能夠更加封閉的作法，就是將烤箱旁邊的通風口先用膠帶貼起來。

在 鑄 鐵 鍋 中 烘 烤
容量大約4.5-6.5公升，直徑24-28公分

將清洗乾淨的鑄鐵鍋（包括蓋子和金屬製的提把）放在烤箱底部的架子上，然後打開開關，調整溫度到烤箱可以到達的最高溫度。接著設定好計時器，讓烤箱和鑄鐵鍋預熱60分鐘。等預熱的時間到了之後，把麵團從冰箱裡拿出來，把它放在工作檯上。使用烤箱手套將鑄鐵鍋從烤箱中取出，並且取下蓋子。在麵團的底部（在籃子中朝上的那一邊）撒上一層薄薄的麵粉，然後將麵團從發酵籃中翻轉過來，放到撒了少許麵粉的木製麵包入爐板，或是類似的工具上。現在是我們幫麵團割出漂亮花紋的時候了。

割紋：幫麵團割紋能夠賦予麵包靈魂，並且創造出真正手工烘焙的感覺。
不過主要目的還是給麵團的表皮製造出脆弱點，使表皮可以循著紋路「爆裂」，
麵包才能順利地膨脹成型。根據我們正在製作的麵團特性（粗糙、細緻、強韌、柔軟），
我們會選擇幾種不同但又簡單的花紋設計。

首先，我們推薦直接割上一個簡單的正方形，因為前幾次進行割紋的步驟時，你可能還不太熟練。但是練習幾次以後你就能隨意嘗試不同的變化。以下是割紋時需要密切留心的幾個注意事項：

．在你準備好使用刀片割紋之前，不要將麵團從發酵籃中取出——這應該是你在麵團進入烤箱之前做的最後一件事。

．割紋時保持刀片傾斜的角度，因為這樣才能形成一個具有保護作用的「紋路」，使切口能夠保持水分，並且更順暢地沿著割痕裂開。

．割紋時要盡量快速而堅定，如果緩慢地將刀片拉過麵團，就可能會產生不均勻且過深的切口。

．割紋的深度最好是5毫米左右。如果麵團稍微有點發酵不足，你可以讓切口再深一點；如果已經稍微過度發酵，那麼切口應該畫出淺淺的痕跡就好。

等你幫麵團完成割紋的動作之後，就可以把麵團從木製麵包入爐板上滑入鑄鐵鍋了。這也許需要一些練習——在前幾次烘烤麵包時，如果麵團放入鍋中的角度不完美，稍微有點歪斜也不需太過擔心，因為你很快就會學會這項技巧。鍋子會以自己的方式塑造麵團，幾乎都還是可以烤出形狀美觀的麵包。

蓋上鍋蓋並將鑄鐵鍋放入烤箱（記得使用烤箱手套）。把溫度調低到240℃左右，烤個20分鐘。當計時器響起時，取下蓋子並繼續烘烤，不蓋鍋蓋並在230℃下再繼續烘烤20分鐘，或是直到麵包外層出現深金黃色的外皮。

在 耐 火 磚 上 烘 烤

你可以直接接洽居住城市當地的建材供應商,跟他們購買六塊適合的耐火磚。基本上來說,長度跟寬度都是標準的尺寸,不過厚度可能會有所不同。盡可能尋找最薄的耐火磚,大約2公分厚。六塊耐火磚應該可以放進任何普通的家用烤箱裡。把耐火磚放置在次低的架子上。接著再將一片烤盤放進耐火磚下層的底架上。

你也可以直接使用披薩烘焙石板,但是它們的厚度通常都很薄,無法產生太多熱量。因此,隨著麵包慢慢冷卻之後,麵包的底部會變得比較軟,但是在整個烘烤的過程中,麵團還是可以正常地膨脹變大。

將烤箱預熱到最高溫度至少1.5-2小時。先將400毫升的水煮沸,然後放入一個易於倒出的容器中。將麵團從冰箱裡拿出來,在麵團的底部(在籃子中朝上的那一面)撒上一層薄薄的麵粉,然後將麵團從發酵籃中翻轉過來,放到撒了少許麵粉的木製麵包入爐板上,再把你想要的圖案割紋在麵團表面,並將麵團放到耐熱磚上。將沸騰的熱水倒入烤盤中,然後關上烤箱門。用240℃烘烤20分鐘,之後打開烤箱門釋放跑出來的蒸氣。你也可以將麵包旋轉一些角度,讓烘烤的顏色更均勻。接著繼續在230℃下烘烤20至25分鐘。當麵包的頂端跟底部都呈現深金色時,麵包就完成了——我們最喜歡這種深邃而明亮的烤色!

如果你發現將麵團移到耐熱磚上的時候,不容易保持整個麵團的完整形狀,你可以先把籃子傾斜,將麵團移到烤盤紙,然後將其滑到灼熱的耐熱磚上。15到20分鐘之後再把烤盤紙拿掉,這樣麵包在烘烤的最後階段,就能以直接接觸耐熱磚的方式受熱。

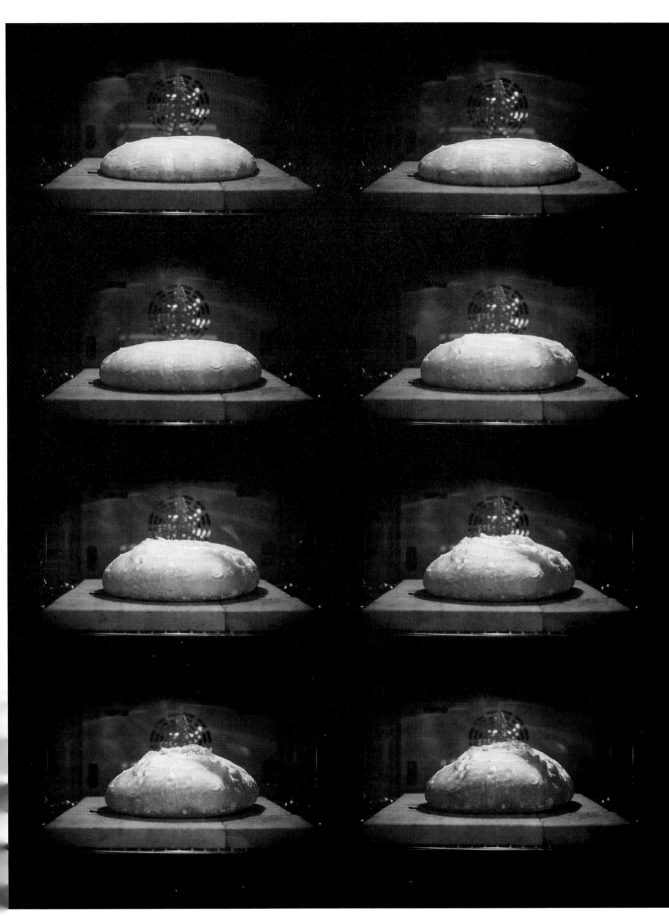

疑難排解

什麼地方出了錯？

用酸種麵團進行烘焙的作法，從來就不是一個可以完全預測結果的過程。我們嘗試使用的有機微生物，
會因為我們照顧它們的方式，而受到各種不同的影響，包括不斷變化的溫度和濕度、
我們使用的麵粉種類，以及許多其他在微觀層面上難以預料的因素。不過，你將會發現少數的關鍵因素
依然有跡可尋，如果你能更深入地了解這些細節，就有機會獲得更好的成果。

麵團放在
工作台上時
會裂開

如果你使用筋度非常低的麵粉，就有可能會發生這種情況。我們使用來自小農在本地種植的麵粉，所以這些麵粉的筋度就會自然地根據季節與天氣情況而變化。解決的方法可能是減少麵團中的含水量（通常降至70%是安全的比例）。另外，你也可以減少麵團中全麥麵粉的百分比。

麵團黏在
發酵籃中

如果你使用濕麵團烘烤，並且發酵籃中沒有灑上足夠的麵粉，就很有可能會發生這種情況。首先，你必須在發酵籃裡撒入正確的混合物。一般來說，我們會使用米粉跟過篩麵粉的混合物，因為米粉與水接觸時不會很快膨脹，並且可以保持更長的乾燥時間。這樣麵團將會更容易地從籃子中傾倒出來。

麵 包 的 發 酵 時 間
比 食 譜 中 建 議 的 時 間 還 久

當發酵的過程沒有按照計劃進行時，首先要先檢查的是起種。如果起種的活力不佳，它將會嚴重地影響整個發酵的過程。而確保起種完全活躍的最佳方法是經常餵養它，最好是早上一次跟晚上一次。許多麵包烘焙師傅在兩次烘烤麵包之間會將起種放在冰箱中。但是如果你無法確定它是否足夠活躍，我們建議你使用前的兩天內都早晚各餵一次，並且仔細觀察它的成長狀況。正常來說，它應該在6小時內達到最佳狀態，但是這也取決於廚房的溫度狀況。

最佳的發酵溫度必須稍微高於室溫，通常是24-26℃之間。因此，如果你發現麵團的膨脹速度過於緩慢，解決方法可能是在烘烤時讓房間變得更溫暖一些。另外，記得在餵食起種、製作魯邦酵種和混合麵團時，都必須使用大約30℃的溫水。

如果麵團的發酵速度緩慢，而且麵包變得過於緊實，散發出一股不新鮮的味道，原因可能是你的魯邦酵種並未製作成功。下次要烘烤麵包之前，請再一次確認魯邦酵種的品質正常。

麵團感覺太過濕潤，
沒有辦法
工作檯上處理

如果你在麵團中加入過多的水，就會出現這種狀況。只是麵團應該加入的水量並沒有特別的規定，因為不同的麵粉就擁有不同的吸水性。比較好的解決方法是先練習從較低的比例（70%）開始，然後當你添加鹽的時候，也就是進行自溶水解之後，再添加一些水進去。注意一次不要增加超過25克（5%）的水量，還要確保水的溫度不要比你第一次混合麵團時使用的水冷——甚至可以再高個幾度。處理過濕的麵團需要很多技巧跟技術。當你開始習慣含水量較多的麵團，並且對於塑形的方法感到輕而易舉時，你就可以逐步地增加水量。有時你可能也會發現，因為發酵速度很慢，所以在工作檯上的麵團感覺很潮濕，並且不太有膨脹的樣子。其實麵團並不是真的太濕——它只是因為筋度太弱，導致彈性變小，所以魯邦酵種在麵團中產生酸的速度不夠快。酸可以增強麵筋的強度，而結實的麵團就能吸收更多的水。

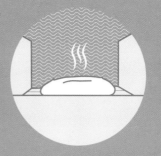

烘烤時麵團變扁平，沒有膨脹

如果發酵的時間過長，麵團就會在烘烤時會變得扁平；這種現象被稱為「過度發酵」。由於太長的發酵過程破壞了麵團的筋度，麵團將沒有任何強度足以支撐它在高溫下膨脹。解決的辦法是縮短麵團放置於發酵籃的時間。另外，還要確保它有足夠的時間在冰箱中降低溫度。如果問題仍然存在，請嘗試使用少一點的魯邦酵種，例如只使用75克（15%）而不是100克（20%）。你可以改為使用以下組合：起種15克、過篩麵粉15克、全麥麵粉15克和30℃的水30克。讓麵團放置3-6小時進行發酵。

麵包沿著烤盤變大，但是卻沒有向上膨脹

僅僅只是因為麵包沒有向上膨脹很多，並不意味著烘焙的方式有問題。你在麵團中使用的水份越多，它向上膨脹的程度就會變得越少，因為它會往橫向展開得更多，通常這樣製作出來的麵包會比較濕潤。但是，如果麵團是往下方膨脹，並且你在表面刻出的割紋也沒有彈開，通常這表示你在麵團中加入了太多的水份，或者發酵的時間拉得太長，另外，也可能是因為烤箱太熱了——會不會你在開始進行烘烤前，忘了要把溫度先調低到240℃？適當發酵的麵團會在烘烤的最初幾分鐘出現外圍下垂的現象，然後麵團就會開始膨脹，主要會從麵團的中心開始，但也可能從邊緣開始。你或許還會發現麵團不僅往下方膨脹，並且在側面也出現了裂縫。這樣的現象通常表示麵團的發酵時間不足，或者烤箱中的烹調環境不理想。也許你忘記要在烤箱底部先行加水，以便在烘烤過程中產生蒸氣？在這種情況下，由於麵團會受到輻射熱的作用，在表面會直接產生花紋，然後從最脆弱的地方爆裂，通常都是從最靠近底部的部分裂開。你可以改為使用耐火磚，或是確保烤箱的預熱方式正確。你也可以使用小張鋁箔紙封閉烤箱內的通風口，或者是用膠帶把烤箱的外側通風口都先貼住。

製作配方

50%斯佩爾特小麥 88

輕裸麥 94

二粒小麥 98

胚芽裸麥 102

法國鄉村麵包 108

麩皮麵包 112

高拉山小麥 118

錫模土司 122

單粒小麥 128

100%斯佩爾特小麥 134

全裸大麥 140

烘焙燕麥 144

友誼麵包 150

50%斯佩爾特小麥

這或許是我們最喜歡烘烤的麵包了。大部分用石磨生產的全麥斯佩爾特麵粉都能製作出具有溫和堅果香氣，滋味香甜與營養豐富的麵包。不過這也是我們所面臨的最大挑戰之一，因為事實上這是一條含有高比例全麥麵粉的麵包，想要做出柔軟濕潤的口感並不容易。簡單地說，這種麵包為我們的烘焙方法建立了良好的基礎。

許多市場上所販賣的斯佩爾特麵粉，實際上都是跟現代小麥品種多次雜交的變種，也因此這種產品失去了許多原本斯佩爾特麵粉應該擁有的特色。不過如果你能找到某些小型的有機商品生產廠商，並且購買他們用石磨製造的麵粉，你或許有比較大的機會買到純種的斯佩爾特麵粉。

斯佩爾特麵粉擁有非常出色且易於烘焙的好處，但是它的麵筋強度確實比普通的小麥還要柔弱，這樣的特性更有助於形成易碎且輕盈的麵包本體，你可以感覺到放入口中的麵包幾乎瞬間就在舌頭上融化。使用石磨製造的斯佩爾特麵粉，能夠生產出具有天鵝絨般觸感的柔軟麵團，非常適合用來製作酸種麵包。當你用手指摩擦麵粉時，好的石磨麵粉應該會產生油膩的感覺──這意味著穀物胚芽中的油脂跟它大部分的香氣都被完整地保留下來了。

原料
括號中的數字代表佔麵粉總重量的百分比

製作魯邦酵種：	製作麵包麵團：
40克成熟起種	250克細全穀斯佩爾特小麥麵粉（50%）
30克30℃的水	250克高筋白麵粉（50%）
15克高筋白麵粉	400-450克30℃的水（80-90%）
15克細全穀斯佩爾特小麥麵粉	10克精細研磨的粗製海鹽（2%）
	100克魯邦酵種（20%）

1

製 作 魯 邦 酵 種

量出40克的成熟起種（自上次餵食後已在室溫下放置6-24小時）、
30克的水、15克的高筋白麵粉和15克的細全穀斯佩爾特小麥麵粉，
放進攪拌碗中攪拌均勻，蓋上碗蓋，讓新混合的魯邦酵種熟成2-4小時。
記得把起種放回冰箱。

2

混 合 麵 粉 、 水 和 魯 邦 酵 種 （ 自 溶 水 解 ）

將400-450克的水倒入裝有魯邦酵種的攪拌碗中。用手指將水中的魯邦酵種弄散。
接著再加入指定重量的麵粉。開始用你的雙手攪拌，確保所有的材料都能夠充分混合。
用橡皮刮刀或軟式麵團刮刀從邊緣刮下多餘的部分，以便收集成一個麵團。
蓋上碗蓋，讓它靜置1個小時（設定計時器）。
接著從基本麵包食譜（參見第50頁）中的步驟3開始，按照順序進行操作。

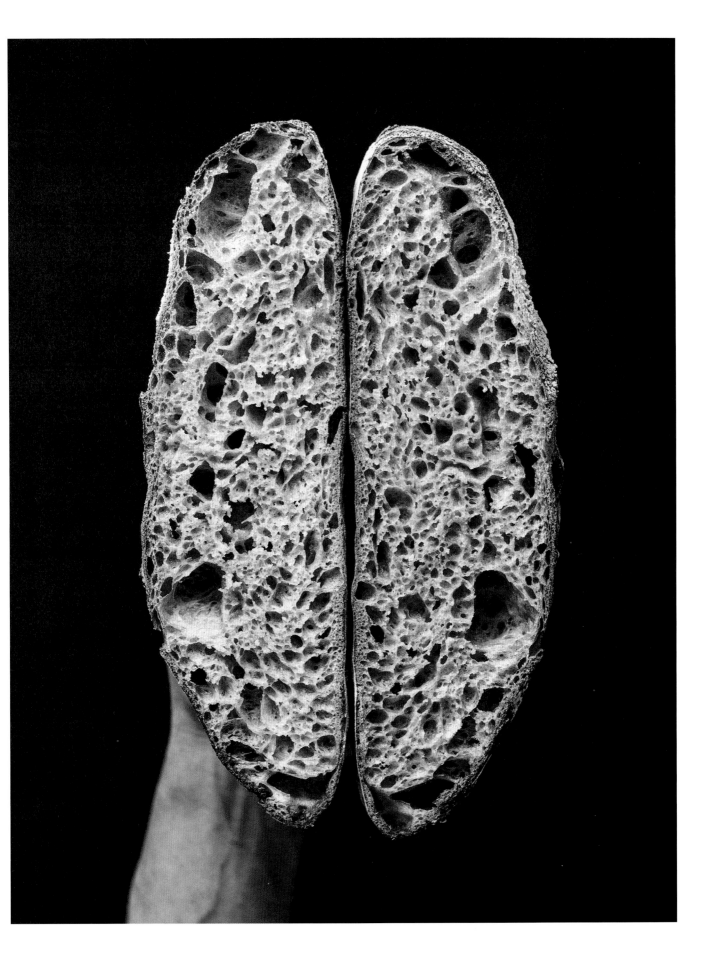

輕裸麥

裸麥比其他穀物含有更多的糖分，這個特點使這種麵包吃起來比較甜，製作出來的麵包皮也會略厚，但是味道更香。裸麥天生就具有複雜的香氣，既帶有淡淡的甜味，也帶有些許的泥土味，跟其他所有小規模種植的作物一樣，穀物的味道和特性在生長期間會受到氣候與環境的影響，更不用說將其加工成麵粉的方式了。在烘烤麵包時，裸麥不太適合以過高的比例添加，所以在這個食譜中，我們選擇只加入20%的裸麥，使其成為一種顏色較深的鄉村麵包。這樣數量的裸麥，就已經足以使穀物本身擁有的特性，充分表現出來。

添加裸麥所製作出來的麵團黏性很強，所以記得要在工作檯上，灑上比平時多用一點麵粉來捏製麵團。另外，增加一些水量也是比較聰明的作法，因為裸麥會比其他種類的麵粉吸收更多的水份。

原料

括號中的數字代表佔麵粉總重量的百分比

製作魯邦酵種：	製作麵包麵團：
40克成熟起種	100克細全穀裸麥粉（20%）
30克30℃的水	400克高筋白麵粉（80%）
15克高筋白麵粉	400-450克30℃的水（80-90%）
15克細全穀斯佩爾特小麥麵粉	10克精細研磨的粗製海鹽（2%）
	100克魯邦酵種（20%）

1

製 作 魯 邦 酵 種

量出40克的成熟起種（自上次餵食後已在室溫下放置6-24小時）、
30克的水、15克的高筋白麵粉和15克的細全穀裸麥粉，
放進攪拌碗中攪拌均勻，蓋上碗蓋，讓魯邦酵種熟成2-4小時。
記得把起種放回冰箱。

2

混 合 麵 粉 、 水 和 魯 邦 酵 種 （ 自 溶 水 解 ）

將400-450克的水倒入裝有魯邦酵種的攪拌碗中。用手指將水中的魯邦酵種弄散。
接著再加入指定重量的麵粉。開始用你的雙手攪拌，確保所有的材料都能夠充分混合。
用橡皮刮刀從邊緣刮下多餘的部分以便收集成一個麵團。
蓋上碗蓋，讓它靜置1個小時（設定計時器）。
接著從基本麵包食譜（參見第50頁）中的步驟3開始，
按照順序進行操作。

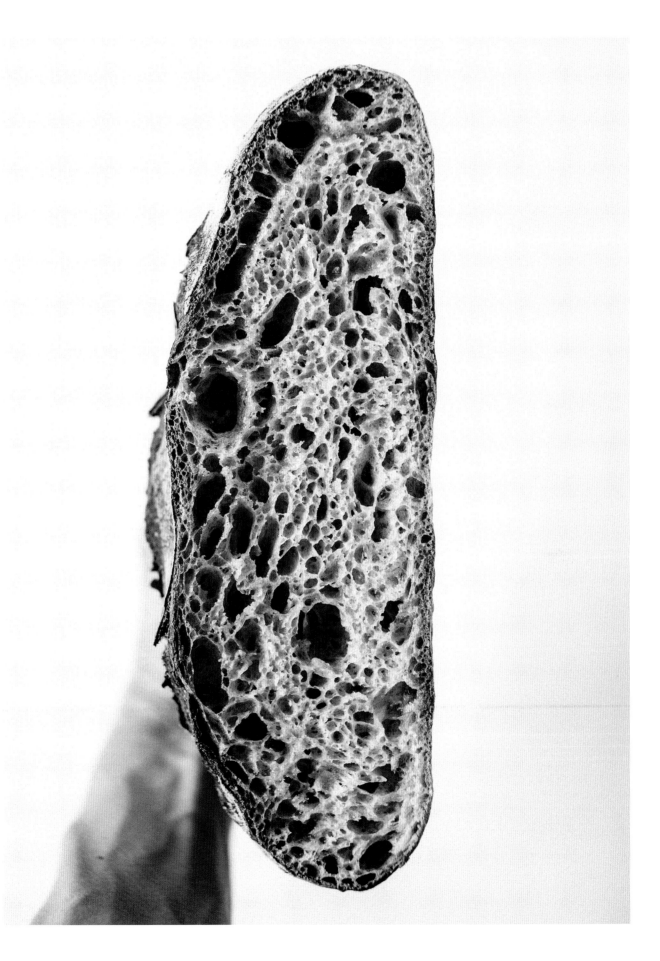

二 粒 小 麥

這 款麵包含有40%的全穀二粒小麥，味道非常濃郁，而且還帶有少許青草或乾草的味道。出爐的麵包外殼呈現出偏紅的顏色。二粒小麥是小麥的其中一個品種，就跟單粒小麥或斯佩爾特小麥一樣。我們已經跟本地的小型磨坊採購過數次他們的商品，以便測試這種穀物的滋味，並且連續體驗了不同季節所帶來的口味變化，結果發現味道確實頗具特色。這種穀物所製作的麵團相當容易處理，但是它的烘焙特性通常會比斯佩爾特小麥或普通小麥略顯微弱，因此麵包膨脹的程度沒有這麼明顯。不過如果可以確實掌握發酵的時間，你依然可以獲得細膩且充分舒展開來的麵包本體，並帶有出色的神秘香氣。

原 料

括號中的數字代表佔麵粉總重量的百分比

製作魯邦酵種：	製作麵包麵團：
40克成熟起種	200克細全穀二粒小麥粉（40%）
30克30℃的水	300克高筋白麵粉（60%）
15克高筋白麵粉	375-425克30℃的水（75-85%）
15克細全穀斯佩爾特小麥麵粉	10克精細研磨的粗製海鹽（2%）
	100克魯邦酵種（20%）

1

製 作 魯 邦 酵 種

量出40克的成熟起種（自上次餵食後已在室溫下放置6-24小時）、
30克的水、15克的高筋白麵粉和15克的細全穀二粒小麥粉，
放進攪拌碗中攪拌均勻，蓋上碗蓋，讓魯邦酵種熟成2-4小時。
記得把起種放回冰箱。

2

混 合 麵 粉 、 水 和 魯 邦 酵 種 （ 自 溶 水 解 ）

將375-425克的水倒入裝有魯邦酵種的攪拌碗中。用手指將水中的魯邦酵種弄散。
接著再加入指定重量的麵粉。開始用你的雙手攪拌，確保所有的材料都能夠充分混合。
用橡皮刮刀從邊緣刮下多餘的部分以便收集成一個麵團。
蓋上碗蓋，讓它靜置1個小時（設定計時器）。
接著從基本麵包食譜（參見第50頁）中的步驟3開始，
按照順序進行操作。

胚芽裸麥

整顆完整的裸麥其實非常容易發芽。發芽的穀物一般都具有令人愉悅的耐嚼性以及強烈的甜味。如果你對這方面的資訊感到興趣,你可以在網路上找到許多發芽穀物對健康的益處,但是我們之所以喜歡使用這種穀物進行烘焙,主要還是因為它的味道與質地有獨到之處。不過這是一份通用的食譜,你可以將它應用於任何一種全穀作物,但是裸麥比其他種類的穀物更容易發芽,因為它的種子比較結實,所以生長出來的胚芽通常可以保持完整的形狀。

原 料

括號中的數字代表佔麵粉總重量的百分比

製作魯邦酵種:	製作麵包麵團:
40克成熟起種	100克發芽用全裸麥（20%）
30克30℃的水	150克細全穀斯佩爾特小麥麵粉（30%）
15克高筋白麵粉	350克高筋白麵粉（70%）
15克細全穀斯佩爾特小麥麵粉	350-375克30℃的水（70-75%）
	10克精細研磨的粗製海鹽（2%）
	100克魯邦酵種（20%）

額 外 需 要 的 器 材

2-4公升的攪拌碗、篩子和亞麻布

1

烘 烤 前 2 - 3 天 先 讓 穀 物 發 芽

你可以利用各種不同的工具來促使穀物發芽，但是也可以就地取材，直接使用廚房裡的普通篩子。
將100克的全穀裸麥直接放入篩子中，並且用流動的冷水沖洗乾淨。接著把一條亞麻布
或是乾淨的廚房毛巾攤開，放在一個2-4公升的攪拌碗上頭，然後再將篩子放在該布上，
並且確保在碗的外面留下足夠的布，以便待會可以把布翻過來覆蓋在篩子上。
找一個罐子裝滿冷水，然後慢慢倒在穀物上。將碗外的布翻過來折疊在篩子上，再次倒入更多的水，
確保整塊布都完全濕透。如果穀物的周圍太乾，那麼種子就不會開始發芽。每天最多可以重複澆水四次，
但是正常來說，每天早晚各澆水一次應該就足夠了，澆水的次數其實取決於廚房的溫度。
如果溫度越高，那麼穀物發芽的速度就會越快；但是如果溫度越高，那麼穀物在澆水之間變乾的速度
也會越快。一旦你看到幼苗的出現，你就知道穀物已經開始發芽了。這個過程通常需要2到3天，
但是也可能更快。不用太久你就會看到幼苗逐漸變長，一旦出現較長的幼苗，
這就表示穀物已經準備好了。記得不要讓它們長得太長，因為穀物變成植物之後會失去很多原本的風味。

2

製 作 魯 邦 酵 種

量出40克的成熟起種（自上次餵食後已在室溫下放置6-24小時）、
30克的水、15克的高筋白麵粉和15克的細全穀斯佩爾特小麥麵粉，放進攪拌碗中攪拌均勻，
蓋上碗蓋，讓魯邦酵種熟成2-4小時，記得把起種放回冰箱。

3

混 合 麵 粉 、 水 和 魯 邦 酵 種 （ 自 溶 水 解 ）

將350-375克的水倒入裝有魯邦酵種的攪拌碗中。用手指將水中的魯邦酵種弄散。
接著再加入指定重量的麵粉。開始用你的雙手攪拌，確保所有的材料都能夠充分混合。
用橡皮刮刀從邊緣刮下多餘的部分以便收集成一個麵團。蓋上碗蓋，讓它靜置1個小時（設定計時器）。
然後在添加海鹽時同時加入發芽的穀物，
接著從基本麵包食譜（參見第50頁）中的步驟3開始，按照順序進行其他的步驟。

法國鄉村麵包

當初人們會開始製作法國鄉村麵包的原因，其實只是因為份量上足以讓整個家庭好幾天都有食物可以吃。在法國較偏遠的鄉村地區，社區裡普遍設立了大型的烤箱，每個家庭都會帶著他們的麵團跟鄰居的麵包一起烤。當年的麵包通常都比現在的產品還要粗糙，因為當時還沒有工業級的穀物磨坊，所以家裡自己做的麵包裡，就算加入一小部分裸麥也是很常見的作法——據說它們其實是很自然地就被加進穀物中，因為它在麥田中就是被當作「雜草」，所以不可避免地會成為碾磨麵粉的一部分。如今，鄉村麵包的製作手法有著各種不同的方式，但是其中大多數成品的共同特點，就是麵包表皮的顏色相對較淺，所以做出來的麵包本體具有透氣、濕潤和輕盈的特色。在舊金山有一間非常著名的唐緹麵包坊（Tartine Bakery），查德・羅勃森（Chad Robertson）用他最基本的製作手法為鄉村麵包樹立了新的標準——這種麵包徹底改變了許多國家的家庭烘焙方式。在我們受到影響或向他們學習的所有麵包烘焙師傅中，羅勃森和他的原創方法無疑給了我們最大的啟發。

我們的鄉村麵包是加入5%的優質全穀裸麥烘焙而成，另外還在魯邦酵種中也加入少許的全穀裸麥。這種裸麥有助於麵團進行較快速的發酵，並賦予麵團甜味和獨有的特色。這是一種口感溫和的麵包，你可以直接把麵包掰開來吃，也可以搭配其他的食物一起享用。

原 料
括號中的數字代表佔麵粉總重量的百分比

製作魯邦酵種：	製作麵包麵團：
40克成熟起種	*400克高筋白麵粉（80%）*
30克30℃的水	*75克細全麥麵粉（15%）*
15克高筋白麵粉	*25克細全穀裸麥粉（5%）*
15克細全穀裸麥粉	*350-425克30℃的水（75-85%）*
	10克精細研磨的粗製海鹽（2%）
	100克魯邦酵種（20%）

1

製 作 魯 邦 酵 種

量出40克的成熟起種（自上次餵食後已在室溫下放置6-24小時）、
30克的水、15克的高筋白麵粉和15克的細全穀裸麥粉，
放進攪拌碗中攪拌均勻，蓋上碗蓋，讓魯邦酵種熟成2-4小時。
記得把起種放回冰箱。

2

混 合 麵 粉 、 水 和 魯 邦 酵 種 （ 自 溶 水 解 ）

將350-425克的水倒入裝有魯邦酵種的攪拌碗中。用手指將水中的魯邦酵種弄散。
接著再加入指定重量的麵粉。開始用你的雙手攪拌，確保所有的材料都能夠充分混合。
用橡皮刮刀從邊緣刮下多餘的部分以便收集成一個麵團。
蓋上碗蓋，讓它靜置1個小時（設定計時器）。
接著從基本麵包食譜（參見第50頁）中的步驟3開始，按照順序進行操作。

麩 皮 麵 包

我們可以利用這種特殊的方法，從全麥麵粉中取出麩皮，然後在沸水中汆燙一下。麩皮在熱水中會吸取水份而變得膨脹，跟直接混在麵團中相比，這種手法可以讓麩皮吸收更多的水。當你把麩皮加到麵團並放進烤箱烘烤時，麵團裡就會含有更多的水份，可是又不會讓麵團變得太濕而難以處理。另外，煮沸的動作也能帶出更多的甜味。這種方法可以製作出非常濕潤且具有甜味的麵包，並且保存時間也可以長達好幾天。不管使用小麥、斯佩爾特小麥、二粒小麥或單粒小麥，過篩和汆燙的特殊作法都能達到非常好的效果。

原 料

括號中的數字代表佔麵粉總重量的百分比

製作魯邦酵種：	製作麵包麵團：
40克成熟起種	*150克磨細的全麥麵粉或*
30克30℃的水	*斯佩爾特小麥麵粉或二粒小麥麵粉（30%）*
15克高筋白麵粉	*350克高筋白麵粉（70%）*
15克磨細的全麥麵粉	*425-450克30℃的水*
15克斯佩爾特小麥麵粉或二粒小麥麵粉	*（其中75g水用於煮熟麩皮）（85-90%）*
	10克精細研磨的粗製海鹽（2%）
	100克魯邦酵種（20%）

額 外 需 要 的 器 材

細網篩、一個大碗和一個小碗

過篩和汆燙

將細網篩放在2-4公升的大碗上。並將大碗放在料理專用秤上，
透過篩子量出150克的全麥麵粉（或斯佩爾特麵粉，單粒小麥麵粉）。
利用這個方式你可以將麩皮篩出，然後倒入一個較小的碗裡。最後你可以得到
大約20-30克的麩皮。接著將麩皮浸泡在75克沸水中，再靜置4-10小時。

製作魯邦酵種

量出40克的成熟起種（自上次餵食後已在室溫下放置6-24小時）、
30克的水、15克的高筋白麵粉和15克的細全麥粉，
放進攪拌碗中攪拌均勻，蓋上碗蓋，
讓魯邦酵種熟成2-4小時。記得把起種放回冰箱。

混合麵粉、水和魯邦酵種（自溶水解）

將350克的水倒入裝有魯邦酵種的攪拌碗中。用手指將水中的魯邦酵種弄散。
接著再加入指定重量的麵粉，包括你事先篩過的麵粉（麩皮還不需要放進去）。
開始用你的雙手攪拌，確保所有的材料都能夠充分混合。
用橡皮刮刀或軟式麵團刮刀從邊緣刮下多餘的部分以便收集成一個麵團。
蓋上碗蓋，讓它靜置1個小時（設定計時器）。
接著從基本麵包食譜（參見第50頁）中的步驟3開始添加海鹽時，
一起加入煮熟的麩皮，
並相應地遵循食譜的其餘部分，按照順序進行操作。

高拉山小麥

含有大量高拉山小麥（普通杜蘭小麥的原生品種）的麵包外皮會呈現漂亮的金黃色，麵包的本體口感濕潤，且氣孔的數目較多。味道嚐起來頗為甜美，就像玉米一樣，尤其是麵包的外皮會變得特別脆。高拉山小麥，在商業上也稱為卡姆小麥，是一種硬粒小麥，蛋白質的含量非常高。而這也意味著你必須在麵團中使用大量的水，使麵包的口感保持濕潤。高拉山小麥具有相當良好的烘焙特性，因此我們可以輕鬆地將使用的全穀物重量增加到50%，不至於影響到麵包體積的大小或是麵包本體的口感。

原 料

括號中的數字代表佔麵粉總重量的百分比

製作魯邦酵種：	製作麵包麵團：
40克成熟起種	250克細全穀高拉山小麥粉（50%）
30克30℃的水	250克高筋白麵粉（50%）
15克高筋白麵粉	425-450克30℃的水（80-90%）
15克細全穀高拉山小麥粉	10克精細研磨的粗製海鹽（2%）
	100克魯邦酵種（20%）

1

製 作 魯 邦 酵 種

量出40克的成熟起種（自上次餵食後已在室溫下放置6-24小時）、
30克的水、15克的高筋白麵粉和15克的細全穀高拉山小麥粉，
放進攪拌碗中攪拌均勻，蓋上碗蓋，
讓魯邦酵種熟成2-4小時。記得把起種放回冰箱。

2

混 合 麵 粉 、 水 和 魯 邦 酵 種 （ 自 溶 水 解 ）

將425-450克的水倒入裝有魯邦酵種的攪拌碗中。用手指將水中的魯邦酵種弄散。
接著再加入指定重量的麵粉。開始用你的雙手攪拌，確保所有的材料都能夠充分混合。
用橡皮刮刀從邊緣刮下多餘的部分以便收集成一個麵團。
蓋上碗蓋，讓它靜置1個小時（設定計時器）。
接著從基本麵包食譜（參見第50頁）中的步驟3開始，按照順序進行操作。

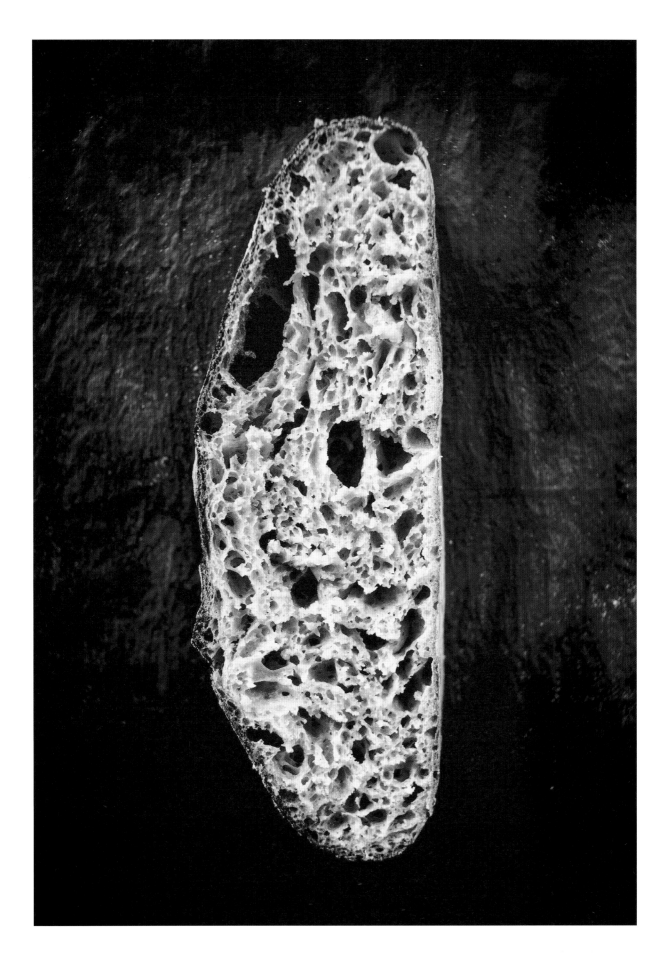

錫模土司

我們想在這本書裡添加一份傳統的錫模土司食譜，但是卻不需要特別利用壁爐底火來烘烤，不只是因為我們喜歡這種麵包的風格，而且也希望為那些沒有空間或設備來製作壁爐麵包的人設計出一種替代方案。製作的方法與其他麵包完全相同，但是在麵團成型之後，不將麵團放入發酵籃中，而是將其放入一個可以容納1公斤麵包的吐司模裡。

我們比較喜歡用芥花籽油為吐司模抹上一層油（因為在我們看來，芥花籽油是麵包的絕佳搭檔）。

在製作的過程中，我們不會特別為這條麵包割紋，相反地，我們希望能夠烤出帶有深金色且大幅膨脹的麵包表皮。這樣的做法同時也降低了麵團過度發酵的風險，而且麵團不會因為被刺破表面而讓本來應該可以長大的麵體縮小。

這條麵包非常適合切片之後放進冷凍庫裡，等到要吃的時候再拿出來放在烤麵包機中直接烘烤。這樣的方法對家庭來說非常實用，因為你可以同時在烤箱裡烘烤好幾個麵包。我們通常會在烘烤30分鐘後把麵包從模子裡拿出來，並把它放在一旁，然後把溫度調高，讓麵包的外皮變成粗糙且非常酥脆的口感。大約5分鐘之後再把麵包翻過來。

原 料

括號中的數字代表佔麵粉總重量的百分比

製作魯邦酵種：	製作麵包麵團：
40克成熟起種	100克細全麥麵粉（20%）
30克30℃的水	400克高筋白麵粉（80%）
15克細全麥麵粉	375-425克30℃的水（75-85%）
15克高筋白麵粉	10克精細研磨的粗製海鹽（2%）
	100克魯邦酵種（20%）

1

製 作 魯 邦 酵 種

量出40克的成熟起種（自上次餵食後已在室溫下放置6-24小時）、
30克的水、15克的細全麥麵粉和15克的高筋白麵粉，
放進攪拌碗中攪拌均勻，蓋上碗蓋，
讓魯邦酵種熟成2-4小時。記得把起種放回冰箱。

2

混 合 麵 粉 、 水 和 魯 邦 酵 種 （ 自 溶 水 解 ）

將375-425克的水倒入裝有魯邦酵種的攪拌碗中。用手指將水中的魯邦酵種弄散。
接著再加入指定重量的麵粉。開始用你的雙手攪拌，確保所有的材料都能夠充分混合。
用橡皮刮刀從邊緣刮下多餘的部分以便收集成一個麵團。
蓋上碗蓋，讓它靜置1個小時（設定計時器）。
接著從基本麵包食譜（參見第50頁）中的步驟3開始，按照順序進行操作，
但是改成把麵團放在土司模中發酵，而不是放在發酵籃中。

單粒小麥

與大多數其他的小麥品種相比，單粒小麥的風味更加濃郁，並且富含大量的 β-胡蘿蔔素（這種橘色的色素也可以在胡蘿蔔中發現），該成份讓麵團呈現出淡淡的琥珀色。用大量單粒小麥製成的麵包也會產生一層又厚又脆的麵包表皮。

單粒小麥是已知穀物中最古老的一種。跟二粒小麥一樣，它也是小麥家族裡眾多原生品種之一，其中還包括鄉村小麥品種的斯佩爾特麵粉跟它的後代。它也是所有小麥類型中蛋白質含量最高的一個品種，但是它的烘焙特性並不如傳統小麥那樣優秀，因為其中所含的蛋白質品質往往比較差。而蛋白質的品質跟蛋白質形成麵筋強度的能力有關。單粒小麥的澱粉糊化能力也比較差，這會使我們處理麵團時感覺很黏。由於以上所提到的這些原因，它可能是整個小麥家族中最難烘烤的穀物了。因此，我們在這個食譜中只使用了30%的全穀單粒小麥。然而，就像所有的古代品種穀物一樣，穀物生長的環境會導致非常不一樣的品質變化。如果你能夠找到在理想條件下生長的單粒小麥，它還是有可能非常容易烘烤，這麼一來你就可以考慮增加麵團中單粒小麥的比例。

原 料

括號中的數字代表佔麵粉總重量的百分比

製作魯邦酵種：	製作麵包麵團：
40克成熟起種	150克細全穀單粒小麥麵粉（30%）
30克30℃的水	350克高筋白麵粉（70%）
15克高筋白麵粉	400-450克30℃的水（80-90%）
15克細全穀單粒小麥麵粉	10克精細研磨的粗製海鹽（2%）
	100克魯邦酵種（20%）

1

製 作 魯 邦 酵 種

量出40克的成熟起種（自上次餵食後已在室溫下放置6-24小時）、
30克的水、15克的高筋白麵粉和15克的細全穀單粒小麥麵粉，
放進攪拌碗中攪拌均勻，蓋上碗蓋，
讓魯邦酵種熟成2-4小時。記得把起種放回冰箱。

2

混 合 麵 粉 、 水 和 魯 邦 酵 種 （ 自 溶 水 解 ）

將400-450克的水倒入裝有魯邦酵種的攪拌碗中。用手指將水中的魯邦酵種弄散。
接著再加入指定重量的麵粉。開始用你的雙手攪拌，確保所有的材料都能夠充分混合。
用橡皮刮刀從邊緣刮下多餘的部分以便收集成一個麵團。
蓋上碗蓋，讓它靜置1個小時（設定計時器）。
接著從基本麵包食譜（參見第50頁）中的步驟3開始，按照順序進行操作。

100% 斯佩爾特小麥

如果談到麵包成品的口感，幾乎沒有其他種類的麵包可以跟這種麵包相抗衡，透過正確的烘烤方式，你可以真正了解斯佩爾特穀物的明顯特徵。深色而豐富的麵包本體跟厚實且酥脆的外皮相結合，讓焦糖化的滋味顯得更加濃郁。另外，記得要仔細觀察麵團的發酵過程，因為全麥麵粉比普通的過篩麵粉發酵得更快，主要是由於酶的活性更高，所以發酵的速度絕對會讓你大吃一驚！除了魯邦酵種裡的少許高筋麵粉之外，這份食譜只放入全麥麵粉。在石磨上研磨的新鮮全麥麵粉具有少許的黏稠度，而這正是油脂被保存下來的證據。同時，對人體有益的營養物質也得以保存，因為在磨碎穀物時，緩慢移動的石磨產生的熱能很少。

原 料

括號中的數字代表佔麵粉總重量的百分比

製作魯邦酵種：	製作麵包麵團：
40克成熟起種	500克細全穀斯佩爾特小麥麵粉（100%）
30克30℃的水	400-450克30℃的水（80-90%）
15克高筋白麵粉	10克精細研磨的粗製海鹽（2%）
15克細全穀斯佩爾特小麥麵粉	100克魯邦酵種（20%）

1

製 作 魯 邦 酵 種

量出40克的成熟起種（自上次餵食後已在室溫下放置6-24小時）、
30克的水、15克的高筋白麵粉和15克的細全穀斯佩爾特小麥麵粉，
放進攪拌碗中攪拌均勻，蓋上碗蓋，
讓魯邦酵種熟成2-4小時。記得把起種放回冰箱。

2

混 合 麵 粉 、 水 和 魯 邦 酵 種 （ 自 溶 水 解 ）

將400-450克的水倒入裝有魯邦酵種的攪拌碗中。用手指將水中的魯邦酵種弄散。
接著再加入指定重量的麵粉。開始用你的雙手攪拌，確保所有的材料都能夠充分混合。
用橡皮刮刀從邊緣刮下多餘的部分以便收集成一個麵團。
蓋上碗蓋，讓它靜置1個小時（設定計時器）。
接著從基本麵包食譜（參見第50頁）中的步驟3開始，按照順序進行操作。

全裸大麥

全裸大麥是我們目前已知的最古
老的穀物品種之一。它之所以
被稱為「裸」，是因為普通大
麥在加工過程中必須進行脫殼和拋光，而全
裸大麥在進行脫粒時外殼就會自動脫落。全
裸大麥嚐起來口感柔滑溫和。當我們需要
處理沒有特別優良烘焙特性的穀物時，額外
添加一些全裸大麥可以為麵團提昇味道和特
性，而不僅僅只是作為麵團組成成分的一部
分。有幾種不同的添加方法都可以達成類似

的目的，最好的方法之一是將穀物煮熟，然
後在麵團的麵筋強度形成後再加入。煮熟穀
物能夠帶出許多天然的甜味，柔軟的穀粒在
麵包本體中會產生濕潤且豐富的口感。

你也可以利用其他的全穀作物代替全裸大
麥，例如普通大麥，或是你也可以煮熟穀物
之後再讓穀物發酵。在煮熟的穀物中加入一
茶匙的起種，靜置6-10小時就行了，這樣
的作法可以為麵包帶來新鮮的酸度，讓麵包
的口感煥然一新。你可以趕快試試看！

原料

括號中的數字代表佔麵粉總重量的百分比

製作魯邦酵種：	製作麵包麵團：
40克成熟起種	100克全裸大麥或普通大麥（20%）
30克30℃的水	200克用來浸泡穀物的水（20%）
15克高筋白麵粉	150克細全穀斯佩爾特小麥麵粉（30%）
15克細全穀斯佩爾特小麥麵粉	350克高筋白麵粉（70%）
	350-375克30℃的水（70-75%）
	10克精細研磨的粗製海鹽（2%）
	100克魯邦酵種（20%）

1

製 作 魯 邦 酵 種 2 4 小 時 前

將100克全裸大麥浸泡在100克的冷水中。
靜置8-12小時（或是靜置溫夜）。

製 作 魯 邦 酵 種 1 2 小 時 前

在同一個碗中加入100克滾燙的熱水。
並繼續靜置4-12小時。

2

製 作 魯 邦 酵 種

量出40克的成熟起種（自上次餵食後已在室溫下放置6-24小時）、
30克的水、15克的高筋白麵粉和15克的細全穀斯佩爾特小麥麵粉，
放進攪拌碗中攪拌均勻，蓋上碗蓋，
讓魯邦酵種熟成2-4小時。記得把起種放回冰箱。

3

混 合 麵 粉 、 水 和 魯 邦 酵 種 （ 自 溶 水 解 ）

將350-375克的水倒入裝有魯邦酵種的攪拌碗中。用手指將水中的魯邦酵種弄散。
接著再加入指定重量的麵粉。開始用你的雙手攪拌，確保所有的材料都能夠充分混合。
用橡皮刮刀從邊緣刮下多餘的部分以便收集成一個麵團。
蓋上碗蓋，讓它靜置1個小時（設定計時器）。
接著從基本麵包食譜（參見第50頁）中的步驟3開始添加海鹽時，
一起加入煮熟的穀物，並相應地遵循食譜的其餘部分，按照順序進行操作。

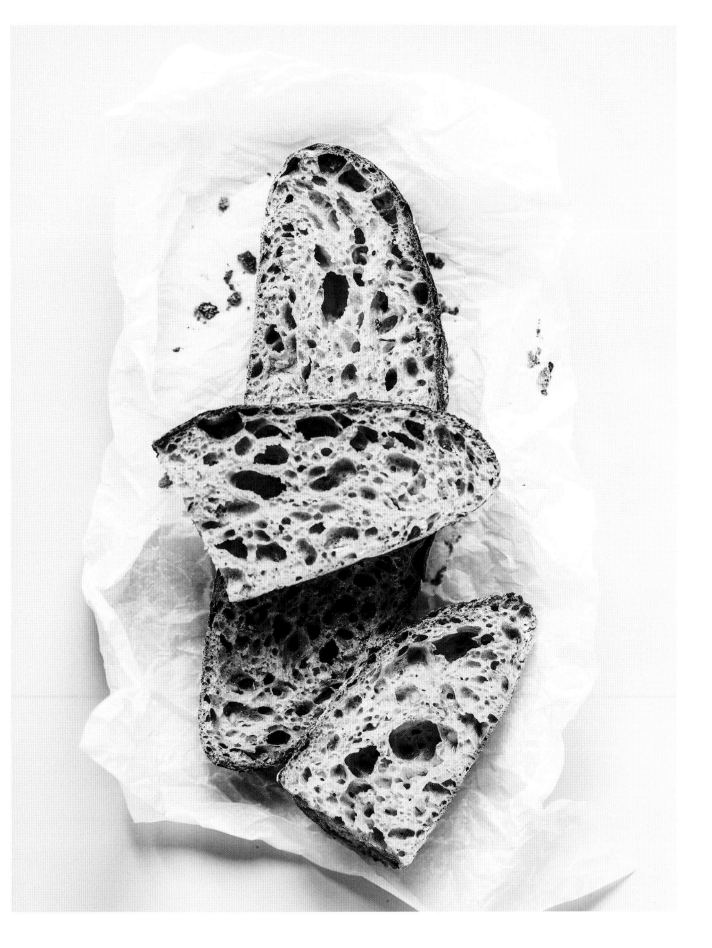

烘 焙 燕 麥

大多數人都會對燕麥產生某種熟悉的感覺,因為很少有穀物能夠具有如此多的特性和味道。然而,就像大麥一樣,燕麥粉的烘焙特性很差,所以通常我們只會使用燕麥來作為麵包的添加材料,以便為出爐的麵包增加獨特的風味。在開始浸泡燕麥之前,我們可以先在烤箱中將它們烤成薄片狀。烘烤的動作能夠不可思議地讓麵包產生樸實與濃郁的特殊風味。當然,你也可以使用其他品種的穀物或薄片,但是請特別注意,某些穀物(例如裸麥或大麥)的質地較為堅硬,需要更長時間的浸泡才能變軟。如果你打算使用較硬的穀物時,記得要將薄片用雙倍份量的開水煮沸。我們喜歡在這個麵包上塗上燕麥片。你可以先將燕麥撒在盤子上,接著把麵團在薄片上滾動,然後再把麵團放入發酵籃中。如果你按照上述的作法揉製麵團,我們就會建議你使用剪刀切上幾刀就好,不要利用前面提過的割紋手法。

原 料
括號中的數字代表佔麵粉總重量的百分比

製作魯邦酵種:	製作麵包麵團:
40克成熟起種	*100克燕麥(20%)*
30克30℃的水	*100克用來浸泡燕麥的水(20%)*
15克高筋白麵粉	*150克細全穀斯佩爾特小麥麵粉(30%)*
15克細全穀斯佩爾特小麥麵粉	*350克高筋白麵粉(70%)*
	350-375克30℃的水(70-75%)
	10克精細研磨的粗製海鹽(2%)
	100克魯邦酵種(20%)

烘烤並浸泡燕麥

這個步驟非常適合一早起床之後，跟餵食起種的動作一起進行。
先將烤箱預熱至170℃。量出100克的燕麥，然後將它們鋪在乾淨的烘烤板
或是大型的烘烤盤中；盡量讓薄片分散開來，不要重疊在一起。
接著放進烤箱裡烤10分鐘。烤完後先放在一旁讓燕麥冷卻幾分鐘再放入碗中，
並加入100克的室溫水。接下來蓋上蓋子，然後靜置4-10小時。

製作魯邦酵種

量出40克的成熟起種（自上次餵食後已在室溫下放置6-24小時）、
30克的水、15克的高筋白麵粉和15克的細全穀斯佩爾特小麥麵粉，
放進攪拌碗中攪拌均勻，蓋上碗蓋，
讓魯邦酵種熟成2-4小時。記得把起種放回冰箱。

混合麵粉、水和魯邦酵種（自溶水解）

將350-375克的水倒入裝有魯邦酵種的攪拌碗中。用手指將水中的魯邦酵種弄散。
接著再加入指定重量的麵粉。開始用你的雙手攪拌，確保所有的材料都能夠充分混合。
用橡皮刮刀從邊緣刮下多餘的部分以便收集成一個麵團。
蓋上碗蓋，讓它靜置1個小時（設定計時器）。
接著從基本麵包食譜（參見第50頁）中的步驟3開始添加海鹽時，
一起加入烤過與浸泡過的燕麥片，
並相應地遵循食譜的其餘部分，按照順序進行操作。

友 誼 麵 包

這一陣子以來，我們在Insta-gram上發現了一個對麵包烘焙師傅來說創意十足的平台環境，在這裡我們可以看到其他人在世界各地所製作的麵包，並且從中獲得更多的靈感。對於像我們這樣的家庭麵包烘焙師傅來說，這是一個交流食譜跟實驗結果的絕佳場所。

其中來自瑞典的喬納森‧賴貝克(Jonas Rieback)，以及馬丁‧威斯汀（Martin Westin，@leverik-tigtbrod）是跟我們互動最多的兩個人。他們兩位都知道如何烤出最美味的酸種麵包，而且和我們一樣熱愛在優質食材選擇上的堅持。他們也認為最好吃的麵包通常是在家裡製作與烘烤出來的作品。在交換了很多想法之後，我們最終創造出一種鄉村麵包的食譜，裡面有烤大麥片或啤酒煮的普通大麥。你可以直接使用任何你喜歡喝的啤酒，但是我們相信用啤酒花精釀的啤酒是一個不錯的選擇，例如IPA啤酒。一股濃郁的啤酒花香氣以及完整大麥片的甜美、濃郁的味道撲鼻而來。

原 料

括號中的數字代表佔麵粉總重量的百分比

製作魯邦酵種：	製作麵包麵團：
40克成熟起種	*100克大麥片（20%）*
30克30℃的水	*200克淡啤酒（40%）*
15克高筋白麵粉	*500克高筋白麵粉（100%）*
15克細全穀斯佩爾特小麥麵粉	*350-375克30℃的水（70-75%）*
	10克精細研磨的粗製海鹽（2%）
	100克魯邦酵種（20%）

1

煮 沸 啤 酒 並 烘 烤 大 麥 片

先將烤箱預熱至170℃。將啤酒快速煮沸，然後先放在一旁。
將大麥片鋪在烤盤中，放進烤箱中烤10分鐘。
烤完後將大麥片倒入碗中，先讓它們稍微冷卻後再加入啤酒
接下來蓋上蓋子，然後靜置4-8小時。

2

製 作 魯 邦 酵 種

量出40克的成熟起種（自上次餵食後已在室溫下放置6-24小時）、
30克的水、15克的高筋白麵粉和15克的細全穀斯佩爾特小麥麵粉，
放進攪拌碗中攪拌均勻，蓋上碗蓋，
讓魯邦酵種熟成2-4小時。記得把起種放回冰箱。

3

混 合 麵 粉 、 水 和 魯 邦 酵 種 （ 自 溶 水 解 ）

將350-375克的水倒入裝有魯邦酵種的攪拌碗中。用手指將水中的魯邦酵種弄散。
接著再加入指定重量的麵粉。開始用你的雙手攪拌，確保所有的材料都能夠充分混合。
用橡皮刮刀從邊緣刮下多餘的部分以便收集成一個麵團。
蓋上碗蓋，讓它靜置1個小時（設定計時器）。
接著從基本麵包食譜（參見第50頁）中的步驟3開始添加海鹽時，
一起加入烤過與浸泡過的大麥片，
並相應地遵循食譜的其餘部分，按照順序進行操作。

6

額外資源

材料供應商

你 在當地的超市應該可以找到各式各樣的有機麵粉，但是對於麵包烘焙師常採購的專業穀物或是品質較佳的原料，尋找當地的小農生產商無疑是最好的選擇。儘管如此，如果你的運氣不夠好，恰巧居住地區的附近沒有小型磨坊或是農場，那麼或許你也可以直接聯絡以下的供應商，也是可行的方法，因為許多供應商也接受線上訂單，或是可以介紹你去他們備有庫存的零售商。

Bacheldre Water Mill ― 一家專門販售有機食品的水車磨坊商店，生產一系列的各種麵粉，你可以通過他們的網站訂購，也可以直接去維特羅斯連鎖超市（Waitrose）或約翰路易斯連鎖百貨（John Lewis）裡頭的商店購買。 www.bacheldremill.co.uk

Calbourne Water Mill ― 這座水車磨坊商店位於英國英格蘭的懷特島，他們同時也會舉辦各式各樣的活動與課程。你可以在網站上跟當地的商店內買到他們的麵粉。 www.calbournewatermill.co.uk

Crakehall Watermill ― 這是一家位於英國英格蘭北約克郡的商店，營業項目包括水車磨坊與小型旅館，店內依然還在使用19世紀製造的傳統設備。他們的麵粉在約克郡當地一系列的麵包店和商店都有販賣，也可以直接透過他們的網站購買。 www.crakehallwatermill.co.uk

Cogglesford Mill ― 這是一家開放給大眾參觀的美麗水車磨坊。現場亦有出售使用石磨研磨的有機全麥麵粉。 https://www.heartoflincs.com/things_to_do/cogglesford-watermill/

Doves Farm ― Doves Farm成立於1978年，他們是值得受人尊敬，製作有機麵粉的專家。他們的麵粉系列產品可以在全國許多商店中取得，或是也可以直接線上訂購。 www.dovesfarm.co.uk

Fosters Mill, Swaffham Prior ― 這家風車磨坊商店使用當地種植的有機小麥生產麵粉。他們的麵粉系列產品可以線上進行訂購，或是直接從當地的商店購買。 www.priorsflour.co.uk

Felin Ganol Watermill ― 他們生產製造優質的有機石磨麵粉，你可以直接從他們的工廠訂購，或是到當地有庫存的商店處購買。 www.felinganol.co.uk

Gilchesters Organics ― 他們使用有機的方法種植許多傳統的小麥品種，他們在現場用石磨研磨麵粉，這些麵粉可以從英格蘭北部和蘇格蘭等，許多有庫存的商店處購買。 www.gilchesters.com

Heatherslaw Corn Mill ― 這家磨坊除了對大眾開放參觀之外，他們同時還是一家正在生產運作的工廠，你可以在工廠或是網站上購買由他們自己製作的麵粉系列產品。 www.ford-and-etal.co.uk/heatherslaw-mill

Holland & Barrett ─ 他們在實體店面跟網站上販售許多由各地進貨的各種穀物，包括斯佩爾特小麥、裸麥和莧菜籽麵粉。他們在英國和愛爾蘭一共擁有超過620家的商店。
www.hollandandbarrett.com

Little Salkeld Watermill ─ 這家商店位於英國英格蘭西北部的坎布里亞郡，他們不但定期開辦麵包製作的課程，也同時生產自己的麵粉和其他相關產品。
www.organicmill.co.uk

Marriage's Mill ─ 這家商店提供各式各樣的麵粉產品，包括製作麵包用、烹飪用、有機和特種麵粉，另外也提供傳統上使用法式水平細砂質研磨石碾磨的石磨全麥麵粉。
www.marriagesmillers.co.uk

Matthews Cotswold Flour ─ 他們的產品廣受全國各地的廚師、主廚和家庭烘焙師的歡迎，Matthews生產一系列有機麵粉產品，包括斯佩爾特小麥和裸麥。
www.fwpmatthews.co.uk

Mungoswell Malt & Milling ─ 位於英國東洛錫安的蘇格蘭磨坊，他們的網站上銷售一系列有機和非有機的麵粉，非常適合用於手工麵包和蛋糕烘焙。
www.mungoswells.co.uk

Planet Organic ─ 這是一家不斷拓展分店的連鎖品牌商店，他們擁有一個好用的線上銷售系統，販售一系列有機傳統穀物和麵粉產品。他們也協助販賣來自Doves Farm的農產品（見前頁）。
www.planetorganic.com

Sharpham Park ─ 一間採用家族式管理經營的磨坊，專門生產有機石磨斯佩爾特麵粉，你可以透過他們的網站進行採購。
www.sharphampark.com

Shipton Mill ─ 全國各地家庭麵包烘焙師跟餐館的主要供應商，他們的麵粉系列產品可以在他們的網站上訂購，或是到遍及全國各地的天然食品商店跟市場購買。
www.shipton-mill.com

Stoate & Sons ─ 這家商店成立於1832年，是間位於英國英格蘭西南部多塞特郡的麵粉廠。他們的麵粉在英格蘭西南部一系列麵包店和健康食品店販售，你也可以到他們的網站上購買。 www.stoatesflour.co.uk

Stotfold Watermill ─ 這家獨立經營的水車磨坊位於英格蘭貝德福德郡，他們不但開放給大眾參觀，同時還生產一系列的全麥麵粉和小麥麵粉。 www.stotfoldmill.com

Walk Mill ─ 總部位於英國英格蘭西北部的柴郡，專門生產石磨麵粉；這間磨坊每天營業，他們的麵粉在當地的一些商店和麵包店都有出售。 www.walkmillflour.co.uk

Wessex Mill ─ 這間磨坊擁有一百多年製作麵粉的悠久歷史，他們生產和銷售高筋麵粉、特殊穀物，以及酸種麵團起種。
www.wessexmill.co.uk

Wright's Baking ─ 這是一家著名的家族企業，專門生產一系列專為家庭麵包烘焙師所設計的高筋麵粉跟穀物粉相關產品。
www.wrightsflour.co.uk

器材供應商

在本書的第42-43頁，你可以找到為了製造本書提供的食譜所需要的關鍵器材。這些物品中的絕大部分都是隨處可見而且很容易買到，但是以下供應商可以幫助你購買一些比較不尋常的物品。

Bakery bits — 在線上進行銷售的工匠級專業烘焙公司，總部位於英國英格蘭西南部的薩默塞特，他們銷售一系列的專業烘焙設備，從木製麵包入爐板到烘焙石，從一般的發酵籃到籐製發酵籃，另外也有酸種麵包的起種，以及一系列有機麵粉產品。www.bakerybits.co.uk

Hobbs House Bakery — 從完整的麵包製作工具包（包括屢獲殊榮，餵養61年的酸種麵團起種）到麵團刮刀，應有盡有。所有的產品均經過細心使用與測試，符合一家擁有90年歷史，工匠級麵包店的嚴格標準。www.hobbshousebakery.co.uk

John Lewis — 一家在英國處於領先地位的百貨公司，在網路上跟英國各地的實體商店裡都擁有種類繁多的手工烘焙設備。www.johnlewis.com

Lakeland — 這是一家專門販賣廚房用具的商店，他們銷售一系列烘焙用具和手工烘焙設備，包括鑄鐵鍋、一般發酵籃或是籐製發酵籃，以及一系列攪拌碗。這些都可以在線上訂購，也可以在全國各地多達70餘家商店購買。www.lakeland.co.uk

Le Creuset — 自1920年代以來，一直是領先的廚房用具製造商，Le Creuset生產一系列的餐具、烤模和鑄鐵鍋。這些器材與設備可以在網路上、Le Creuset的特約商店，或是各種獨立廚師用品店以及更大的英國連鎖商店購買，包括John Lewis和House of Fraser。www.lecreuset.co.uk

Nisbets — 位於英國英格蘭西南區的布里斯托爾，專門販售提供給企業和熱衷於家庭麵包烘焙師傅的烘焙設備供應商。www.nisbets.co.uk

Sous Chef — 為喜歡冒險的廚師以及專業麵包烘焙師傅提供線上訂購材料和設備的專業商店。www.souschef.co.uk

學校和社團

其實這一點也不讓人意外，這個世界上存在著一個充滿活力的酸種麵包烘焙師的社群，以及許多友好並提供大量協助的網站跟學校。

The Bertinet Kitchen — 位於英國英格蘭西南區的巴斯市，由一位法國廚師與麵包烘焙師傅查德·貝爾蒂內（Richard Bertinet）所經營，這所烹飪學校開設了一系列麵包店經營與麵包製作的課程，適合業餘麵包烘焙師傅或專業從業人員進修。
www.thebertinetkitchen.com

The Fresh Loaf — 許多業餘麵包烘焙達人出沒的國際社群網站。網站上提供了非常豐富的訊息，包括一個供大家分享與討論的論壇，以及其他由大家分享的內容。
www.thefreshloaf.com

Real Bread Campaign — 一個國際級的線上分享網站，支持和鼓勵不使用加工食品或其他添加物的烘焙方式。除了線上的支援以外，他們還在英國各地定期舉辦社群活動。
www.sustainweb.org/realbread

Riot Rye Bakehouse — 屢獲殊榮的麵包烘焙師喬·費茲莫里斯（Joe Fitzmaurice）在愛爾蘭的蒂珀雷里開了這家商店，他們也提供一系列的實作課程。 www.riotrye.ie

School of Artisan Food — 這間學校位於英國中部雪伍德森林的中心，開設並提供各種短期的訓練課程，包括麵包烘焙和手工麵包製作，適合不同經驗的新手與老手進修。
www.schoolofartisanfood.org

Sourdough Library — 業餘麵包烘焙師傅的線上國際指標和參考網站，網站上列有各式各樣的文章、食譜、實作影片、部落格、論壇，以及其他與酸種麵包或手工烘焙相關的資訊。 www.sourdoughlibrary.org

The Sourdough School — 由凡妮莎·金貝爾（Vanessa Kimbell）在英國英格蘭東部北安普敦郡經營的專業補習學校；除了開設各種課程之外，該校也在他們所建立的網站上提供實作建議、推薦食譜，以及完整的專業供應商或工廠的聯絡方式。
www.sourdough.co.uk

Sourdough Nation — 一個有趣且活躍的論壇網站，由Hobbs House Bakery負責營運，擁有4000多名成員和一系列關於酸種麵包和手工烘焙的討論區，用於分享建議和食譜。除此之外，麵包學校也開立了各種不同的酸種麵包製作課程。
www.hobbshousebakery.co.uk/forum/sourdoughnation

Tracebridge Sourdough — 由戈登·伍德科克（Gordon Woodcock）和凱特·溫納（Katie Venner）經營，他們是無師自通的酸種麵包愛好者，在英國英格蘭西南部索美塞特郡的威靈頓郊外，從樹林裡自行建造的棚子跟磚爐開始發跡。他們提供各式各樣的烘焙課程以及其他的食品和飲料。
www.tracebridgesourdough.co.uk

TITLE

挪威烘焙師解密酸種麵包

STAFF

出版	瑞昇文化事業股份有限公司
作者	卡斯柏・安德烈・蘿格 (Casper André Lugg)
	馬丁・伊瓦爾・范・菲爾茲 (Martin Ivar Hveem Fjeld)
譯者	曾慧敏

創辦人 / 董事長	駱東墻
CEO / 行銷	陳冠偉
總編輯	郭湘齡
特約編輯	謝彥如
文字編輯	張聿雯　徐承義
美術編輯	謝彥如
國際版權	駱念德　張聿雯

排版	二次方數位設計　翁慧玲
製版	明宏彩色照相製版有限公司
印刷	桂林彩色印刷股份有限公司

法律顧問	立勤國際法律事務所　黃沛聲律師
戶名	瑞昇文化事業股份有限公司
劃撥帳號	19598343
地址	新北市中和區景平路464巷2弄1-4號
電話	(02)2945-3191
傳真	(02)2945-3190
網址	www.rising-books.com.tw
Mail	deepblue@rising-books.com.tw

初版日期	2023年5月
定價	1350元

國家圖書館出版品預行編目資料

挪威烘焙師解密酸種麵包 / 卡斯柏.安德烈.蘿格
(Casper Andre Lugg), 馬丁.伊瓦爾.范.菲爾茲
(Martin Ivar Hveem Fjeld)著 ; 曾慧敏譯. -- 初版.
-- 新北市 : 瑞昇文化事業股份有限公司, 2023.05
　160面 ;　20.3x25.4公分
譯自 : Sourdough
ISBN 978-986-401-628-0(精裝)

1.CST: 點心食譜 2.CST: 麵包

427.16　　　　　　　　　　112005497

Originally published under the title Surdeig by Forlaget Vigmostad & Bjørke, Norway, 2015.
© Elwin Street Ltd, 2017, for the English edition
Published by agreement with the Kontext Agency and Elwin Street Ltd.
Complex Chinese translation rights arranged through The PaiSha Agency